AF463094

UTILITÉ ET DISTRACTIONS AGRÉABLES

TRAITÉ PRATIQUE

DE

GALVANOPLASTIE

EN CINQ LEÇONS

AVEC PLANCHES A L'APPUI DE LA DÉMONSTRATION

MOULAGE EN PLATRE ET EN GUTTA-PERCHA

OUVRAGE UNIQUE

PAR

F. CLAUDE-MICHEL

PRIX : 3 francs

PARIS
LIBRAIRIE POLYTECHNIQUE, BAUDRY ET Cie, ÉDITEURS
15, RUE DES SAINTS-PÈRES, 15
Maison à Liège, rue Lambert-le-Bègue, 19

1888

UTILITÉ ET DISTRACTIONS AGRÉABLES

TRAITÉ PRATIQUE

DE

GALVANOPLASTIE

EN CINQ LEÇONS

AVEC PLANCHES A L'APPUI DE LA DÉMONSTRATION

MOULAGE EN PLATRE ET EN GUTTA-PERCHA

OUVRAGE UNIQUE

PAR

F. CLAUDE-MICHEL

PRIX : 3 francs.

PARIS
LIBRAIRIE POLYTECHNIQUE, BAUDRY ET Cie, ÉDITEURS
15, RUE DES SAINTS-PÈRES, 15.
Maison à Liège, rue Lambert-le-Bègue, 19.

1888

IMPRIMERIE PAUL BOUSREZ, TOURS

PRÉFACE

La galvanoplastie ne remonte pas à des temps bien reculés, je dirai même qu'elle est pour ainsi dire récente, car ce n'est qu'en 1798 que mourut Galvani, sujet italien, qui découvrit les phénomènes de l'électricité, et que Volta, physicien italien, fut, en 1799, l'inventeur de la pile qui porte son nom. Volta mourut en 1827. Dès cette époque on commença des expériences diverses, et il n'y a pas quarante ans que je voyais les premières épreuves de galvanoplastie, qui étaient bien loin de ressembler aux merveilleux produits de l'industrie moderne. C'est à peu près à cette même époque qu'un homme plein de génie, M. de Ruolz, inventa la dorure et l'argenture sur métaux par la pile voltaïque. Ami de cet homme dont le nom seul est resté attaché à son procédé, ô injustice humaine! c'est auprès de lui que, dans l'intimité dont il m'honorait, j'ai eu les premières notions de galvanoplastie. Dès lors je me suis passionné pour cette partie de la science que j'ai travaillée avec une persévérance inouïe, sans me douter que l'indifférence du public pour une science si utile et si attrayante dût un jour me porter à la révolte au point de vouloir, dans ma très modeste sphère, écrire tout ce que la pratique m'a appris à elle seule ; car, si je n'ai jamais eu la chance de rencontrer un galvanoplaste amateur qui dût me guider dans mes pénibles travaux, dans mes dépenses et dans de vaines recherches, je n'ai pas eu plus de chance à me renseigner dans toutes les bibliothèques où je me perdais dans la lecture des ouvrages scientifiques qui traitaient sommairement de la matière, et dans des termes que je ne comprenais pas. Qu'on me pardonne donc cette part de suffisance dans ma compétence en galvanoplastie quand je veux guider des élèves dans ces travaux. Ma longue pratique et les sacrifices que je me suis imposés me donnent bien le droit de vouloir me rendre utile : c'est mon seul but en publiant cet ouvrage.

Les ouvrages sur les sciences abstraites ne manquent pas, mais ils ne s'adressent pas à tout le monde indistinctement. S'il se trouve des amateurs pour s'en servir utilement, c'est que ces amateurs possèdent déjà les connaissances nécessaires pour lire et comprendre (*aperto libro*) les formules et les définitions, la plupart du temps tellement abstraites, que d'autres amateurs moins forts et souvent même complètement étrangers à la matière, s'en font un épouvantail et se rebutent, lorsque les premiers y trouvent des ressources nécessaires à leurs travaux ; mais c'est l'exception, je m'adresse à la généralité.

Ici, il est question de la galvanoplastie dont la science nous a dotés en donnant à l'industrie les moyens plus ou moins pratiques de s'en servir pour obtenir, sous l'apparence du plus beau bronze, des objets d'art d'une fidélité tellement incontestable que, si l'on voulait oublier pour un moment le génie créateur dudit objet, l'imitation serait souvent préférable. D'un autre côté, chacun sait que l'élévation du prix d'un bronze ne consiste pas seulement dans le mérite artistique, mais encore dans le travail indispensable du burin, et si je ne veux pas contester à l'objet en bronze sa supériorité sur la reproduction galvanoplastique, je dirai, à l'avoir de la galvanosplastie, qu'il arrive souvent (quel est l'artiste qui me contredirait?) que bien des finesses de l'original disparaissent sous le burin, tandis que ces finesses sont photographiquement rendues au moyen du courant voltaïque.

Si donc un amateur est assez fort pour modeler un sujet, et si sa bourse ne lui permet pas la reproduction de son œuvre au moyen du bronze, il est arrêté dans ses élans artistiques, ou bien il aura recours aux plâtriers figuristes dont la main-d'œuvre n'est pas toujours à bon marché, pour n'avoir enfin son sujet qu'en une matière facilement destructible.

La galvanoplastie se présente alors comme un moyen intermédiaire d'autant plus appréciable, qu'indépendamment de la modicité du prix de revient, le sujet, transformé en cuivre chimiquement pur, acquiert en vieillissant, sous le vernis du temps, une coloration de bronze admirable.

J'ai donc réuni, dans le style familier, n'ayant aucun titre pour vouloir faire de la science, tous les moyens pratiques de faire de la galvanoplastie avec un succès incontestable. Ma méthode n'est que l'application d'une pratique de plus de trente ans, et comme personne n'a songé jusqu'à ce jour à l'utilité que pourrait avoir un ouvrage dans lequel tout le monde, sans exception, pourvu qu'on voulût bien s'en donner la peine, arriverait aux merveilleux résultats que j'ai obtenus, cet ouvrage était d'autant plus à créer, que dans ma longue pratique, je n'ai jamais pu me procurer d'autres guides que quelques opuscules traitant vaguement de la matière, mais jamais d'ouvrage complet.

Est-ce à dire que le Manuel Roret, l'ouvrage même de Roseleur puissent servir de guides? Quelle que soit l'utilité de ces ouvrages dans tous les cas qu'ils ont envisagés, et sans vouloir médire d'ouvrages qui doivent être incontestablement utiles, je le répète, les procédés qu'ils donnent en matière de galvanosplastie ne sont pas à la portée de tout le monde, parce qu'ils rentrent trop dans la science. On doit donc procéder comme je vais l'indiquer et je garantis une réussite complète. Enfin, si je suis arrivé, je le dois à l'énergique volonté qui ne m'a jamais fait défaut parce que j'y apportais le goût nécessaire.

Cet opuscule est aussi restreint, aussi clair

que possible ; il est dès lors à la portée de tout le monde. Il débute par une introduction générale qui vous initie déjà à tout ce que vous allez faire. Il vous aura si bien préparé aux cinq leçons qui suivent, que, par l'enchaînement qui les relie entre elles, vous voudrez arriver au résultat qu'elles vous offrent.

Heureux si je peux avoir réveillé chez les jeunes gens des connaissances d'autant plus agréables et complémentaires à des règles apprises généralement dans le seul but de satisfaire au programme d'un enseignement imposé, qu'ils ne se doutaient pas que, de notions superficielles ou simplement théoriques, ils pouvaient, plus tard, en tirer un résultat fructueux. Je serais non moins heureux de donner de l'émulation à ces nombreux grands garçons intelligents et travailleurs, voulant mettre à profit, chez les uns ce qu'ils ont appris, chez les autres ce qu'ils seront peut-être en train d'apprendre par des règles devenant stériles, faute d'application claire et tangible.

F. Claude-Michel.

TRAITÉ PRATIQUE

DE

GALVANOPLASTIE

INTRODUCTION GÉNÉRALE

La galvanoplastie a pour but de recouvrir d'une couche métallique divers objets, soit en ronde bosse, soit en bas-relief. La ronde bosse se dit des objets présentant toutes leurs surfaces, tandis que le bas-relief n'offre qu'une surface représentant le sujet dans son ensemble et dans ses détails.

Dans l'industrie et le commerce, on trouve des spécimens fort remarquables que l'on peut qualifier de merveilles issues de la science. Si dans la ronde bosse il y a de sérieuses difficultés pour en rendre toutes les surfaces qui, la plupart du temps, sont des pièces d'assemblage et d'ajustage travaillées par des hommes spéciaux, il n'en est pas de même pour le bas-relief. Je m'adresse ici à l'amateur qui débute. Il est logique et prudent de lui conseiller de commencer par le bas-relief : c'est donc cette seule partie de la galvanoplastie que je vais avoir à traiter dans le cours de ce petit ouvrage, en ayant eu soin de créer des planches à l'appui de la démonstration.

Le bas-relief ne présente absolument pas de sérieuses difficultés en faisant usage de la pile que j'ai composée et qu'un enfant intelligent gouvernerait parfaitement si l'on pouvait confier à son inexpérience un instrument pour l'usage duquel il faut employer une substance dangereuse, l'acide sulfurique. Pour une personne raisonnable, cet acide ne doit pas effrayer lorsqu'on sait que s'il arrivait qu'on en répandît une ou plusieurs gouttes sur les doigts, la simple immersion des doigts dans l'eau en neutralise complètement les pernicieux effets. Il est prudent de ne pas respirer les vapeurs de cet acide, surtout lorsqu'il met le zinc en décomposition ; le zinc du commerce, à défaut de zinc épuré qui est relativement coûteux et que l'on trouverait difficilement, contient de l'arsenic en plus ou moins grande quantité.

Rien n'est plus simple que la galvanoplastie sur des moules de bas-relief, pourvu toutefois que l'on observe les soins les plus minutieux qui sont prescrits dans les leçons : les résultats que l'on obtient sont véritablement si merveilleux que l'on pourrait les comparer à la photographie et dire que c'est la photographie en cuivre des objets avec leurs saillies et leurs plus minutieux détails.

Tout le monde ne peut faire de la science ; mais la science a donné à tout le monde intelligent, laborieux et ami des belles choses, les moyens assurés de reproduire tous objets utiles et agréables en un métal fort beau, en cuivre chimiquement pur qui n'a que l'inconvénient de s'oxyder promptement, mais auquel on donne la coloration inaltérable des plus beaux bronzes. Chacun sait que les bronzes atteignent quelquefois des prix fabuleux, que des bijoux en or ou en argent sont dans le même cas ; n'est-il pas à envier d'en créer la plus fidèle reproduction ? La galvanoplastie vous en donne tous les moyens.

Ma très longue et très laborieuse pratique me permet, dans le style familier, de donner les moyens les plus simples et les moins onéreux pour arriver à un résultat qui ne laisse rien à désirer. J'y intéresserai, je n'en doute pas, les hommes intelligents pouvant consacrer quelques loisirs à une distraction qui n'est pas sans un profit réel et qui, en tout cas, vous a séduit quand on a réussi.

Je ne m'en suis pas tenu à ne vouloir reproduire que des médailles ou des sujets sans de trop fortes saillies, sujets auxquels il faut savoir se restreindre en débutant, ce que je conseille :

j'ai, après avoir exécuté plusieurs épreuves de celles dont je viens de parler, attaqué des moules avec des cavités plus ou moins profondes, et, si dans le principe j'ai échoué parfois, j'ai fini par arriver à un résultat parfait, mû d'ailleurs par l'opiniâtreté et l'observation, deux choses dont j'épargnerai à l'élève le côté pénible en lui traçant d'une façon très intelligible tous les moyens les plus propres à la réussite.

Sans doute tout le monde ne voudra pas, pour le choix de ses sujets, avoir la résolution que j'ai apportée en créant des moules de reptiles qui sont généralement des animaux répulsifs ; mais je le déclare ici, ni une couleuvre ni un lézard ne sont pour moi deux animaux répulsifs, parce qu'ils sont inoffensifs d'abord, et qu'en second lieu, leurs contours comme leur squame sont admirables de perfection ; qu'en outre, lorsqu'on est arrivé à faire un lézard qui, par toutes ses saillies, ses cavités contournées et ses merveilleux détails, résume toutes les difficultés du bas-relief quelque fouillé qu'il soit, on pourra faire tout ce qu'on voudra. Cette résolution m'a donné, en outre, la satisfaction d'avoir pu créer des originaux, comme celle d'avoir épargné ma bourse : car, pour les personnes qui ne savent pas mouler, il faut forcément avoir recours aux marchands de moules. Que ce soient des moules en plâtre ou en gutta-percha, le prix en est toujours trop élevé, surtout si l'on doit en manquer quelques-uns ; aussi ai-je prévu ce cas, en donnant, à la 1re leçon, les moyens les plus simples pour que celui qui voudra se livrer à la galvanoplastie fasse lui-même ses moules, en plâtre ou en gutta-percha. Il aura évité, par là, de grandes dépenses, puisqu'un moule fait par lui ne lui reviendra qu'au prix de la matière employée, en admettant qu'il ne s'en sera occupé que dans ses moments de repos ou consacrés à la distraction, ce travail n'ayant rien de pénible ; il aura, enfin, le mérite d'être sorti de l'ordinaire, d'avoir créé à sa guise des originaux : c'est bien quelque chose.

Pour ceux donc qui ne craindront pas de manipuler des couleuvres et des lézards, qu'ils sachent qu'avec une couleuvre on peut faire au moins vingt moules variés qui ne reviennent tout au plus qu'à cinquante centimes les vingt moules, c'est-à-dire au prix du plâtre employé ; tandis que s'il fallait acheter ces mêmes moules, que l'on ne trouverait sans doute pas chez tous les plâtriers mouleurs, un seul, si vous le trouviez, vous reviendrait à 1 fr. au moins, si encore vous l'aviez à ce prix, et si enfin il était à votre goût et parfaitement rendu, ce dernier cas fort douteux, car l'homme de métier est souvent un vandale.

Pour les personnes qui ne pourront jamais consentir à toucher des reptiles, il faudra qu'elles s'approvisionnent chez les marchands, ou qu'elles arrivent à savoir assez bien mouler tous objets en une seule pièce, comme, par exemple, des feuilles, des fruits agencés ou groupés de telle sorte qu'ils fassent un ensemble agréable et facile à reproduire, moyen qu'indique la leçon de moulage.

J'ai divisé mes leçons en cinq parties. La 1re comprendra le moulage en plâtre et le moulage par la gutta-percha.

La 2e concernera la préparation des moules, en tant qu'immersion dans la cire, leur métallisation par la graphite dite plombagine, mais qui n'est autre que du fer épuré, ou percarbure de fer ; enfin, la métallisation, dans un cas forcé, par le sulfure d'argent.

La 3e fera connaître la formation du bain et la constitution de la pile.

La 4e développera la marche à suivre pour que le cuivre se dépose uniformément en molécules intégrantes dans toutes les parties du sujet présenté au courant voltaïque et dans les conditions les plus propres pour que les plus infimes détails soient rendus avec la plus grande finesse.

Enfin, la 5e partie sera consacrée à la sortie du moule, au bris du plâtre ou au détachement de la gutta-percha, au nettoyage de la pièce et à son bronzage.

Je ne terminerai pas cette introduction sans

parler du sulfure d'argent comme subsidiaire de métallisation, c'est-à-dire comme moyen extrême, dans le cas de difficultés insurmontables par la plombagine. Ce procédé, qui sera développé dans la 2e partie, consiste dans l'emploi de trois substances, phosphore, sulfure de carbone et azotate d'argent ou nitrate d'argent. Ces trois substances, isolément, n'ont rien de bien dangereux ; mais dans les combinaisons qui seront détaillées, on aura la conviction qu'on arrivera, pour obtenir le sulfure d'argent, à avoir à se servir d'une substance infernale, qui, pour un chimiste, ne lui présenterait pas autant de danger qu'il pourrait y en avoir pour un autre moins compétent. Que l'on sache bien que de la dissolution du phosphore dans le sulfure de carbone, une goutte sur la main ou sur un vêtement détermine une flamme à jet continu et inextinguible si l'on ne peut immédiatement l'inonder d'une solution de nitrate d'argent dans de l'eau distillée.

Que si je me suis servi de cette infernale substance comme moyen infaillible d'une métallisation qui conduit le courant électrique partout où l'on veut qu'il aille, elle m'a donné la parfaite réussite de pièces importantes qui, sans elle, eussent été manquées, la plombagine ne suffisant pas toujours pour attirer le courant dans de très profondes cavités, surtout dans celles dont l'orifice peut être trop étroit pour pouvoir aller avec un pinceau jusqu'au fond; mais que l'on ne s'effraie pas outre mesure. Il y a deux manières d'employer le sulfure d'argent, je les développerai dans la 2e partie, et l'on verra que l'on peut employer le sulfure d'argent sans aucun danger, et quand on sait que c'est avec cet agent que le courant se soumet à tout ce qu'on exige de lui, je crois avoir parlé d'une chose trop importante pour que l'on ne m'en sache pas gré.

PILE VOLTAIQUE

Mon appareil se compose :

1° D'une cuve en bois de chêne, ou ronde, ou ovale, ou carrée, peu importe. La forme A de la planche n° 1 est celle que j'ai toujours adoptée : cette cuve avait 0m50 de hauteur, sur 0m60 de longueur.

2° D'un diaphragme B recouvert de parchemin et dans lequel j'introduisais une planche de zinc G d'une épaisseur de 0m01 glissant, à l'aise, dans une rainure RR', lequel zinc armé dans le milieu de son sommet d'un morceau de cuivre rouge dont l'extrémité supérieure formait un anneau par lequel je passais une baguette en cuivre laiton de la longueur de la cuve à sa partie supérieure, cette cuve allant en entonnoir. La figure G représente ainsi ce diaphragme.

3° De deux cornets OO' troués et faits avec de la gutta non épurée et destinés enfin à contenir des cristaux de sulfate de cuivre que l'on renouvelle au fur et à mesure de leur dissolution. Ce sont ces cornets qui alimentent le bain jusqu'à la saturation, qui n'a lieu que dans le cours de l'opération.

4° D'un bain de sulfate de cuivre dont le niveau est la ligne horizontale CC'. Toutes ces choses constituant une pile galvanique feront l'objet de la 3e partie.

Les matières et outils indispensables sont :

sanguine; provision de sulfate de cuivre; plombagine épurée; acide sulfurique; cire jaune; gutta-percha épurée; gutta-percha non épurée; plâtre à mouler; fil de cuivre rouge ou laiton indistinctement, plusieurs numéros pour les fils conducteurs et les crochets qui leur servent d'attaches aux pièces; plusieurs peaux de parchemin pour les diaphragmes, dont on doit en avoir de rechange (ne pas se servir du parchemin destiné à l'écriture, ce parchemin subit une préparation qui lui ôte sa consistance); entonnoirs en verre, marteau, limes, cisailles, pinces plates, pinces rondes, spatules de différentes grandeurs, et enfin tous outils et ustensiles dont on reconnaîtra l'utilité plus ou moins indispensable dans le cours des travaux; des pinceaux en fausse marte de diverses grosseur; pinceaux orientaux (*voy. fig. 2*). Ces pinceaux ne se trouvant pas partout, je crois devoir citer le nom d'un grand fabricant à Paris, Faubourg-du-Temple, M. Pitté, mais cette maison ne traite que le gros; cependant, par son obligeance, j'ai pu m'en procurer quelques-uns.

Quant aux produits chimiques, j'engage fort les amateurs à les prendre chez MM. Poulenc frères, 92, rue Vieille-du-Temple. Cette maison passe pour être spéciale quant à la pureté de ses produits, ce que j'ai reconnu moi-même; c'est enfin dans cette maison que j'avais un très beau sulfate de cuivre à 0,80 le kilo.

I

MOULAGE EN PLATRE

Le plâtre est un sulfate de chaux très poreux qui se prête si bien à la reproduction des objets, qu'il rend même la ténuité d'un cheveu : le meilleur est celui de Paris, dit plâtre à mouler, qu'il ne faut pas confondre avec celui propre à la construction. On le trouve dans les dépôts et chez tous les plâtriers figuristes. Il y a plusieurs manières de le gâcher, nous ne nous occuperons ici que de celle destinée au moulage des épreuves pour la galvanoplastie.

Le sujet sera une couleuvre. Admettez que vous ayez eu cet animal vivant et que vous l'ayez asphyxié au moyen d'un tampon de coton imbibé d'ammoniaque suspendu à la large tubulure d'un flacon dans lequel se trouve la couleuvre, vous la sortez avec assez de précaution pour ne pas contrarier les écailles. Vous la placez sur une vitre assez large et bien huilée; vous aurez eu soin de huiler cette couleuvre elle-même pour lui enlever la rigidité qu'elle a acquise par la mort. Vous lui donnez la pose la plus naturelle et la plus gracieuse à la fois, en ayant surtout le soin, pour en faciliter la reproduction en cuivre, de lui appuyer la tête sur l'une des parties de son corps, comme aussi vous devrez éviter de trop superposer les tronçons entre eux. Mettez dans un vase assez d'eau pour que, le plâtre ajouté, vous ayez assez de matière pour recouvrir le sujet d'au moins deux centimètres d'épaisseur. Tamisez avec les doigts le plâtre qui doit être répandu aussi uniformément que possible sur toute la surface de l'eau et jusqu'à ce qu'il surnage. Ne remuez pas le vase pendant l'opération du tamisage, afin d'éviter le double inconvénient d'un plâtre trop fort et les soufflures. Remuez-le bien avec une spatule, mais sans excès, passez et repassez assez souvent la spatule, et du moment que vous n'apercevez plus de bulles d'air, vous passez un pinceau imprégné de ce plâtre sur tout le corps de l'animal dans le sens de la tête à la queue. Vous faites cette opération avec assez de rapidité pour que le plâtre à employer n'ait pas le temps de se durcir. Après cette impression complète, vous ajoutez avec la spatule le plâtre nécessaire pour recouvrir votre sujet de l'épaisseur dont il a été parlé ; vous égalisez la surface autant que possible au fur et à mesure que votre plâtre prend de la consistance.

Laissez bien durcir pendant à peu près vingt minutes et retournez le sujet. Avec la lame d'un canif vous faites autour du corps de l'animal une arête vive dans le sens de la tête à la queue, et jamais autrement, si vous ne voulez pas déranger et détacher les écailles; dégagez enfin les parties que le plâtre, en s'introduisant en dessous de la couleuvre, aurait complètement circonscrites. Vous soulevez l'animal par sa peau, tout cède à merveille; mais ayez bien soin de retirer avec assez d'adresse pour ne pas érailler l'arête vive. Examinez bien si le sujet est net et exempt de soufflures. Comme on le voit, ce genre de moulage est très facile, et c'est de cette manière que l'on peut mouler en une seule pièce les feuilles et les fruits, les poissons et les coquillages, toutes choses en un mot qui auront la souplesse nécessaire ou assez peu de dureté pour pouvoir être facilement brisées, sans altérer le plâtre.

Lézard. — Un autre reptile qui est non moins beau et dans des conditions de souplesse à peu près analogues à la couleuvre, est le lézard : cependant il offre un peu plus de difficultés en raison de ses pattes et des articulations de ses jambes; nous allons nous en occuper.

Vous placez votre lézard sur une vitre comme pour la couleuvre, et, ce qui serait mieux, sur une vitre où vous le disposez avec art et au moyen de terre à modeler préférablement à de la cire à modeler dans laquelle il entre de l'axonge qui, en s'imprégnant dans le plâtre,ne serait pas sans inconvénients dans l'opération galvanoplastique, des coquillages et des petites pierres assez arrondies pour que leurs aspérités ne s'opposent pas trop à leur sortie. Il ne faut pas être modeleur pour représenter ainsi un petit terrain qui fait très bien, il ne faut que du goût et un peu d'adresse dans les doigts (*voyez la phototypie* qui est un lézard dont j'ai composé le terrain et qui, exécuté en cuivre, a été reproduit en phototypie). Vous huilez bien le tout, excepté la terre qui, par son humidité, se détachera très bien. Vous donnez à votre lézard une attitude naturelle, en ayant le soin de lui appuyer la tête sur une pierre ou sur une coquille pour augmenter l'animation, car sa tête sur le terrain lui donnerait l'attitude d'un animal mort ou malade. Gâchez votre plâtre comme vous le savez déjà. Procédez par impression et par recouvrement, comme cela a été dit pour la couleuvre. Retournez votre sujet qui se présente sous l'aspect de la planche n° 3, le pointillé représentant les parties renfermées complètement dans le plâtre. Comme l'on peut s'en faire une idée, il serait absolument impossible, en procédant comme pour la couleuvre, de le sortir sans briser et détériorer le moule : le moyen est simple, il ne demande qu'un peu d'adresse.

Avec la lame d'un canif, vous faites une arête vive depuis la tête jusqu'à la queue, sans vous occuper des doigts, des cuisses et de la gorge. Remarquez bien que si presque toute la queue a été circonscrite par le plâtre ainsi que les doigts et autres parties qui ne portaient pas sur le terrain, la couche de plâtre est très mince dans ces endroits, et, quelle que soit d'ailleurs son épaisseur, vous pouvez suivre la ligne que décrit l'animal au moyen d'une pointe fine engagée entre le plâtre et la peau; en soulevant cette pointe, vous mettrez parfaitement à nu ces parties que vous ébarberez après de telle façon, qu'il vous sera possible d'arracher par petits morceaux, s'il le faut, tout ce qui aura été recouvert, cela dit pour la queue et les doigts. Vous procédez de la même manière pour les cuisses et la gorge, en respectant les coudes qui seront en saillie lorsque le moule sera retourné. Quant à la gorge dont une partie portera sur la coquille, c'est cette seule partie que vous essayerez de mettre à découvert, puisque cet endroit sera invisible en faisant corps avec la coquille. Toutes ces opérations terminées, vous pincez la peau du ventre et vous soulevez, une bonne partie cédera. Ne craignez pas de soulever le bout de la patte et des mains ; il est rare de ne pas mettre les pattes à découvert dans toute la netteté de leurs détails.

Si, par hasard, les cuisses restaient trop solidement engagées, il faudrait les séparer du corps en les tranchant dans l'articulation inférieure, c'est-à-dire dans la partie privée d'un excès de sang qui, en se répandant intérieurement, salirait les détails, faible inconvénient à la vérité, puisqu'on peut toujours laver avec de l'eau et un pinceau doux sans altérer ces détails. Cela fait, il ne vous reste plus qu'à sortir l'animal ; avec un peu d'adresse la chose se fait très bien, si l'on en excepte la tête dont les mandibules, très développées sur un cou relativement étroit, ne sortent que par des torsions multipliées et habilement ménagées. Si enfin il restait une bonne partie de la queue engagée, cette queue, piquée avec une pointe fine et tirée dans le sens de la queue à la tête, arrive par anneaux et la plupart du temps tout entière (sens de la flèche F, à partir de l'extrémité de la queue).

Comme on le voit, un lézard est perdu après son moulage. Cependant, quand on fait un groupe de plusieurs lézards, il y en a qui sont moins engagés, et peuvent par conséquent servir une autre fois ou même plusieurs fois, suivant la position qu'ils ont occupée dans le sujet; tandis que la couleuvre sert pour ainsi dire indéfiniment, c'est-à-dire jusqu'au moment où les écailles tombent ou restent collées sur l'empreinte, ce qui n'arrive pas de sitôt, s'il l'on a eu le soin de toujours bien huiler, sans excès, avant de remettre dans le plâtre.

Lorsque vous aurez obtenu une bonne épreuve sans trop d'avaries et surtout sans soufflures, il faudra la disposer de façon à pouvoir être reproduite aussi facilement que possible en galvano plastie.

Pour cela, il faut l'examiner bien attentivement et savoir lui donner dans toutes ses ouvertures assez de développement pour que le courant galvanique puisse s'y introduire sans trop de difficulté : c'est là une affaire d'habitude. Une première épreuve faite en galvanoplastie vous guidera mieux que tout ce que je pourrais dire de plus. En cela comme en toutes choses, la pratique est le meilleur des maîtres, la plus claire des démonstrations et le complément de tout ce que vous savez déjà.

Dans bien peu de lignes j'ai donné à l'élève le moyen assuré de la reproduction, en une seule pièce, de tout objet mou ou assez peu consistant pour en opérer la sortie des cavités les plus profondes, tels que les reptiles, les coléoptères, les poissons, les coquilles, les feuilles, les fruits et enfin les ornements modelés en matière plastique; l'on comprendra que tous ces objets forment un champ assez vaste pour pouvoir s'exercer en galvanoplastie.

J'ai une dernière observation à émettre et qui n'est pas de moindre importance. Elle a rapport aux poissons qui sont empreints d'une matière visqueuse qui suinte entre les écailles. Cette matière animale plus ou moins grasse, en tout cas, très onctueuse et poisseuse, m'a toujours fait l'effet d'un corps isolant du courant galvanique ; je recommande expressément un bon lavage avant le moulage, et, quand le poisson est bien sec, de le frotter avec du savon noir délayé dans de l'eau. J'ai même poussé la précaution jusqu'à employer un peu d'esprit-de-vin dont je frottais avec soin tout le corps de l'animal sans contrarier les écailles : je m'en suis toujours bien trouvé.

Gutta-percha. — Nous allons développer son emploi pour le moulage. Cette substance végétale, de la nature du caoutchouc, mais qui en diffère cependant, est douée de flexibilité, mais n'est ni élastique, ni extensible : c'est une matière serrée, douce et susceptible de prendre l'empreinte de la ténuité du cheveu le plus fin. Une surface de cette matière frottée avec de la plombagine vous présente l'aspect d'une plaque d'acier du plus beau poli ; son usage, pour des moules, en galvanoplastie, l'a fait préférer à toutes les autres matières, mais sur des corps solides. Admettons que vous ayez obtenu, en cuivre, le lézard de la phototypie et que vous vouliez le reproduire par un moulage en une seule pièce. Ce lézard, qui a été fait pour la reproduction, a été rempli de soudure. La soudure est de l'étain mélangé à du plomb dans des proportions qui varient suivant son usage.

Je l'ai frotté de plombagine, je l'ai même abondamment mouillé, et placé dans un châssis en tôle (*voyez la planche n° 4*). Ce châssis a un fond mobile en tôle d'une épaisseur d'environ un demi-centimètre entrant à l'aise et appuyé sur l'arête des quatre côtés du châssis, retournés en dedans et bien de niveau ; l'épaisseur de la tôle du châssis est de $0^{m}003$ au moins afin de résister à la presse. Les dimensions de ce châssis étaient en dedans, pour la longueur et la largeur, celle de la longueur et de la largeur de tout le sujet avec quatre millimètres en plus ; la hauteur des quatre côtés ou la profondeur était égale à la hauteur du sujet mesuré à la tête avec un centimètre et demi en plus. J'ai eu soin de frotter de plombagine ce châssis dans toutes ses parties intérieures et extérieures. J'ai, en outre, frotté de la même manière les deux faces et les bords extérieurs d'une tôle très épaisse,de cinq millimètres, pour servir de recouvrement au châssis dans lequel il entrait à l'aise, afin de permettre à la gutta-percha pressée, de rendre son trop-plein. J'ai fait chauffer doucement dans de l'eau ma gutta, qui, après la première ébullition, était en état d'être manipulée. Je me frottais bien les mains dans la plombagine et je les mouillais dans l'eau froide pour éviter de me brûler, d'une part, et de l'autre, éviter d'avoir les doigts happés par la gutta ; je répétais souvent l'immersion des mains dans l'eau froide, je pétrissais ma gutta en tous sens et, quand je croyais avoir sorti toutes les bulles d'air, je retournais ma matière de dessus en-dessous, et jamais autrement; j'en faisais une boule d'un volume assez fort pour remplir surabondamment mon châssis, et, par le frottement d'une main bien noire de plombagine, je faisais une surface lisse comme de l'acier que j'appliquais sur le sujet en y plaçant la tôle de recouvrement. Déjà, par le poids de cette plaque, la gutta descendait petit à petit dans les profondeurs du sujet que je présentais à une presse qui n'était autre que celle des copies-lettres; je donnais un léger tour de presse, j'en donnais presque immédiatement un second : pendant ce temps la gutta rendait son trop-plein que j'ébarbais rapidement avec une lame de couteau mouillée, puis un léger troisième tour de presse ; je faisais alors une pause de deux ou trois minutes pendant lesquelles je m'occupais à ébarber le trop-plein de la gutta : je touchais, après sept à huit minutes, avec l'ongle, les bords de la gutta pour être fixé sur son plus ou moins de dureté à l'intérieur. C'est là une affaire d'habitude ; et enfin, quand je croyais que la matière était assez dure mais encore assez tiède pour être sensible au dernier tour de presse, je le donnais, et quand le trop-plein ne sortait qu'avec peine et très lentement, j'ébarbais une dernière fois et je disais être arrivé au dernier coup de presse. C'est ce dernier coup qui donne toutes les finesses. Il s'agissait maintenant de sortir le sujet. J'imprimais l'ongle sur les bords de la gutta et je ne me décidais à sortir le sujet que lorsque j'avais acquis la certitude que l'ongle ne faisait son empreinte qu'avec peine et que l'intérieur n'était que faiblement tiède. Sans perdre de temps je sortais le sujet de dessous la presse, j'enlevais la tôle de recouvrement, je repoussais le dessous du moule avec les mains et au besoin avec un maillet. Les parois intérieures du châssis ayant été bien plombaginées, il était rare que la gutta ne voulût pas sortir de ce châssis. La gutta dehors, sans perdre de temps encore, d'une main je saisissais le sujet du côté de la queue, de l'autre je soulevais la gutta qui, encore légèrement tiède, sortait des cavités les plus profondes ; j'arrivais enfin à avoir mon moule que je remettais dans le châssis et où sa moiteur lui faisait reprendre son niveau sans la moindre avarie dans les détails. Après une heure passée dans le châssis, j'avais un fort beau moule, la gutta avait repris toute sa dureté. Remarquez bien que cette longue opération n'est en rien difficile, qu'il faut seulement se familiariser avec la gutta et avoir acquis une certaine habitude pour le moment opportun où l'on doit sortir le sujet de cette gutta qui, si elle était trop chaude, s'arracherait par déchirures et ne ferait qu'une besogne à recommencer. Aussi dois-je recommander de ne procéder d'abord que sur un petit sujet afin d'acquérir tout ce qu'il faut pour, après, ne jamais manquer un moule.

En résumé l'avantage des moules en gutta-percha est considérable, en ce sens que si vous avez obtenu, avec le plâtre, un beau sujet, en cuivre, vous êtes assuré d'en faire avec la gutta autant d'épreuves réussies que vous le voudrez, tandis qu'avec le plâtre qui n'est malheureusement que la seule matière dont vous dussiez vous servir pour les corps mous, un parfait résultat galvanoplastique n'est pas toujours assuré: aussi, dans l'industrie, quand vous demandez à un homme du métier de vous donner, en galvanoplastie, un sujet moulé en plâtre, s'il l'accepte, ce ne sera que sous réserve et encore ne se souciera-t-il pas de l'entreprendre. Je ne veux pas dire pourtant que cet homme du métier serait incapable de le faire ; mais il y passerait sans doute trop de temps et serait naturellement obligé d'en élever le prix d'une façon peut-être exorbitante. Eh bien, j'ai acquis une telle pratique que, si je ne puis assurer la réussite de tous les plâtres sans exception, j'ai la probabilité d'en réussir beaucoup ; j'en causerai dans la deuxième partie, quand il sera utile de faire comprendre la marche mécanique du courant électrique. Je dirai en terminant cette leçon que la gutta-percha épurée coûte de 6 à 7 fr. le kilo, qu'avec un kilo on peut faire plusieurs moules d'une grandeur modérée, la gutta étant très légère. Celle non épurée, qui n'est bonne que pour certains cas dans le cours des opérations, est d'un prix bien moins élevé.

Je voudrais laisser le moins de lacunes possible et je suis donc forcé de donner quelques détails : 1° sur la reproduction en plâtre d'un lézard dont le moule est en plâtre ; 2° d'un moulage en gutta, d'un lézard en plâtre, la fragilité du plâtre pouvant faire naître, chez l'amateur ignorant le procédé, la crainte de ne pas réussir.

Pour la reproduction, en plâtre, d'un lézard dont le moulage sur nature a été fait avec du plâtre, il faut d'abord que votre moule soit bien inondé de savon noir que vous aurez complètement fondu dans de l'eau bouillante et assez réduit pour qu'il soit très onctueux ; dans cet état il se conserve indéfiniment. Barbouillez votre moule dans toutes ses parties, laissez sécher pendant environ une heure en ayant soin, avec un pinceau propre et doux, d'enlever l'excès du savon coagulé dans les détails. Huilez bien, mais assez habilement pour ne pas nuire aux détails. A l'envers de votre moule, tracez aussi bien que vous le pourrez avec un crayon la forme que décrit le lézard; gâchez votre plâtre, imprimez promptement comme vous savez déjà le faire et remplissez petit à petit avec assez d'épaisseur pour que le terrain supporte le choc que vous allez donner dans tous les contours que vous avez tracés au crayon. Quand votre plâtre est bien sec, prenez un petit ciseau et un maillet, frappez modérément les bords du moule dont le plâtre cédera par l'action du ciseau, et arrivez progressivement jusqu'à vos traits de crayon, en laissant pour la fin et en les circonscrivant, les parties les plus saillantes et les plus délicates, telles que les pattes, les coudes et la tête. Vos coups de ciseau doivent être donnés avec assez d'habileté pour ne pas entailler les parties du sujet, dont vous ne pourriez réparer les avaries. Quand le sujet est presque découvert, la forme et les détails vous guideront pour attaquer les pattes, les cuisses et la tête. Voilà en quoi consiste le procédé. Il est, à coup sûr, très difficile pour une première fois; mais, par l'habitude, on finit par arriver à bien. Ici, il n'a été question que d'un moule en plâtre d'égale dureté à celle du sujet à détacher de son enveloppe; mais, d'ordinaire, pour que l'opération soit infiniment plus facile, il faut que l'enveloppe ou le moule ait été fait avec du plâtre dans lequel on a introduit de l'ocre jaune en poudre en assez grande quantité, un dixième environ. Ce gâchage vous donne un plâtre teinté qui vous guide dans le bris de l'enveloppe, qui est moins dure que le plâtre blanc du lézard et qui a assez de consistance et de finesse pour s'emparer de tous les détails.

Moulage, en gutta, d'un lézard en plâtre. — Vous procédez comme pour le moulage du lézard en cuivre dont l'opération a été démontrée, mais avec l'emploi des moyens qui suivent : Au lieu de plombaginer les parois intérieures de votre châssis, vous les huilez soigneusement. Vous avez un lézard en plâtre bien sec, vous le mettez sous un robinet de fontaine et le laissez s'imbiber d'eau autant qu'il voudra en prendre. Vous faites une gâchée de plâtre que vous répandez dans votre châssis en y plaçant votre lézard, de façon que cette gâchée enveloppe bien le terrain dudit lézard et de telle sorte que le niveau soit assez régulier ; vous aurez eu le soin également de placer votre lézard assez profondément afin que, dans sa partie la plus élevée, il y ait au moins deux centimètres de cette partie à l'arête supérieure du châssis, de manière à s'assurer que la gutta-percha sera assez épaisse en cet endroit. Plombaginez la plaque de recouvrement et donnez enfin vos tours de presse, mais un peu plus modérément que pour un sujet en cuivre. Si vous n'aviez pas mouillé le lézard comme je l'ai dit plus haut, il aurait pu se briser à l'action de la presse, tandis que l'eau semble lui donner une certaine élasticité. Commencez par en manquer quelques-uns, et vous arriverez à bien faire.

Enfin, pour sa sortie, procédez comme il a été déjà démontré, avec un peu plus de ménagement, et s'il vous arrivait de casser le plâtre original, ce que le praticien saura éviter, vous n'en aurez pas moins un beau moule que vous emploierez en galvanoplastie.

On se procure des reptiles au marché aux oiseaux à Paris ou dans la campagne, quand on sait leur faire la chasse comme j'ai appris à la faire.

— *Lisez le dernier chapitre de l'ouvrage.*

Remarque concernant le plâtre. — Un plâtre gâché trop fort a l'inconvénient, indépendamment des soufflures, de vriller sous l'outil et de se mal travailler : c'est ce que l'on nomme plâtre gras. Que l'on se souvienne aussi qu'une gâchée est plus solide que plusieurs gâchées superposées.

II

PRÉPARATION DES MOULES ET LEUR MÉTALLISATION

Le plâtre étant un corps éminemment poreux, on est obligé de l'enduire de cire pour le présenter au courant de la pile voltaïque dont la marche est plus ou moins rapide en raison de l'action des agents chimiques qui lui sont propres : c'est ainsi que, pour la galvanoplastie, on se sert d'un diaphragme rempli d'eau acidulée par de l'acide sulfurique et dans laquelle on suspend une plaque de zinc, armée d'un anneau de cuivre rouge auquel se relie le fil conducteur d'une pièce dont on veut couvrir la surface dans un bain de cuivre.

Le courant produit par cet assemblage n'est pas toujours bien facile à gouverner pour celui qui manque de pratique; mais pour quiconque est studieux, observateur et praticien, les difficultés ne sont absolument rien. J'ai souffert longtemps de ce que j'appelais les caprices du courant en ce qui concernait surtout les plâtres; cela tenait tout simplement à des causes parfaitement déterminées : ou le plâtre n'était pas suffisamment imbu de cire, ou la plombagine était de mauvaise qualité, ou enfin la position de ma pièce dans le bain était mauvaise. Ici, je ne m'occuperai que d'un plâtre qui doit passer à l'épreuve de la cire, de sa métallisation préalable et de ses anneaux de fils conducteurs, laissant pour une autre leçon la définition de la direction de la pièce dans le bain.

Reportez-vous à la planche n° 2. Quand votre pièce est bien sèche et bien nette, il faut, aux quatre parties 1, 2, 3, 4, pratiquer une petite brèche comme l'indique le n° 5, à l'effet d'y introduire, à l'aise, un fil de cuivre tordu ayant la forme du n° 6. Vous faites aux extrémités 00' des pointes recourbées pour que l'anneau soit bien scellé dans le plâtre; vous mouillez la brèche et y adaptez les branches et la tige bien trempées dans une gâchée de plâtre ; vous les renfermez de façon que l'anneau soit bien au niveau de la surface du sujet. Vous rétablissez le lisse du plâtre. Une fois ces quatre anneaux mis en place, vous ne devrez pas les ébranler et laisserez le plâtre se bien durcir. Pour que votre sujet ne surnage pas dans le bain, vous avez le soin de lui appliquer par derrière une petite pierre de silex ou de marbre, assez lourde, bien enduite et bien recouverte de plâtre. Passons à l'opération de la cire

Dans une casserole en fer battu qui n'aura que cette destination, vous faites fondre au bain-marie de la cire jaune ; pendant ce temps, vous faites chauffer votre moule jusqu'à ce qu'il ait acquis la température à peu près égale à la cire fondue. Vous attachez une ficelle à l'un des anneaux et suspendez votre moule dans la cire qui ne doit être que fondue et sans ébullitions. Lorsque vous ne verrez plus de bulles d'air s'échapper de votre moule, vous le retirerez : il sera saturé. Cela ne suffira pas, il faudra le revêtir par derrière d'une couche assez épaisse de cire. J'ai toujours remarqué que si l'on ne fait usage d'un surcroît de précaution, certaines parties du sujet ne se recouvraient de cuivre que bien difficilement ; à votre moule encore tiède, mettez de la plombagine en suffisante quantité, (il n'y en a jamais de trop), pour pouvoir, avec un pinceau doux, passer et repasser dans toutes les parties du sujet, en respectant les arètes vives et les détails en saillie. Cette opération doit être faite lentement et avec soin. Quelquefois il se présente que dans la partie lisse de la surface, et après avoir sorti l'excès de plombagine, il peut y avoir un ou plusieurs endroits qui présenteraient une imperfection dans la métallisation : ne craignez pas de faire usage du doigt bien imprégné de plombagine en frottant vigoureusement sur ces parties, vous y fixez la plombagine, et, pourvu que votre doigt soit sec, vous êtes assuré de la métallisation, alors même que dans les parties ainsi traitées vous ne les verriez pas aussi recouvertes que dans d'autres. L'excès de plombagine que vous retirerez pourra vous servir pour d'autres épreuves. Frottez votre sujet avec un pinceau propre et de facon à le voir briller comme de l'acier. La métallisation douteuse est sur les parties mates, il faut y repasser souvent, et si l'ouverture vous permet d'y indroduire l'extrémité du petit doigt, faites-en usage et assez vigoureusement; dans les parties récalcitrantes, j'ai souvent employé utilement le pinceau oriental (*voy. la planche 2*) : ce pinceau à barbe courte offre bien de la résistance ; je recommande ce pinceau dont l'utilité est grande dans bien des cas, et surtout dans l'opération qui consiste à nettoyer et bronzer les sujets. La plombagine dite du commerce ne vaut rien en galvanoplastie : il y entre des corps organiques qui peuvent nuire; la bonne se trouve chez les fabricants de produits chimiques : on la trouve noire chez les uns ; chez d'autres, elle est grise, la couleur n'y fait rien ; cependant je préfère la grise, qui me paraît être bien épurée ; elle m'a toujours donné, d'ailleurs, les meilleurs résultats.

Une fois votre sujet bien préparé, il reste, pour le compléter, à lui mettre ses quatre fils conducteurs : remarquez bien que si je dis quatre fils, c'est avec l'intention de pouvoir retourner dans le bain le sujet, au cas où ses cavités pourraient être diamétralement opposées les unes aux autres. On peut à la rigueur n'en mettre qu'un seul, pourvu toutefois que vous engagiez dans les quatre anneaux un fil de cuivre tout autour du sujet et tendu de façon que les points de contact soient parfaitement observés (*voyez la planche 2, fil F'F'F"*). Nous nous contenterons donc d'un seul fil bien attaché à l'un desanneaux, en ayant le soin de ne pas ébranler ce dernier dans le plâtre, car s'il y avait disjonction, le courant serait paralysé et le sulfate, rentrant dans l'intérieur du plâtre, le détériorerait et empêcherait tout scellement possible. Les trois autres anneaux doivent être recouverts de cire, après les avoir bouchés avec de petites boules de papier pour que la cire ne touche pas aux points de contact.

Il n'est pas hors de propos de faire connaître, dans cette leçon, sans rien prendre sur la quatrième partie, le fonctionnement du courant électrique, dont la marche bien comprise servira utilement à bien placer le sujet dans le bain. Je me sers d'une comparaison que je crois très juste. Prenez un chapeau de soie, soufflez aussi fortement que possible au centre du rond ou de l'ovale de la partie supérieure de ce chapeau : votre souffle, du point central, s'éloignera en une infinité de rayons mourant à la circonférence, et s'il en est quelques-uns qui s'arrêtent en route, ce ne serait que par des obstacles rugueux ou des cavités. C'est là identiquement la marche mécanique du courant électrique qui, glissant sur les surfaces lisses, y dépose des molécules intégrantes de cuivre et s'en va mourir aux bords extérieurs du sujet, en y déposant enfin son cuivre, qui finit par présenter une agrégation que l'on appelle rognons et qui, par des superpositions infinitésimales, figurent des arborisations. Dorénavant, ces agglomérations seront des obstacles à la marche régulière du courant, et son remède sera indiqué à la quatrième partie. On comprend déjà que, puisque le courant semble préférer les surfaces lisses et qu'il donne en très peu de temps tous les détails d'une médaille, par exemple, c'est que cette médaille ne donne ni des saillies, ni des cavités importantes; il n'en peut être de même d'un moule en plâtre, qui mettra d'autant plus de temps à se recouvrir que les saillies et les cavités seront relativement considérables et nombreuses.

Je crois m'être suffisamment étendu pour faire comprendre tous les soins que l'on doit apporter dans la préparation et la métallisation des sujets à soumettre à l'action du courant galvanique ; mais je ne puis passer sous silence un autre genre de métallisation : celle qui consiste dans l'emploi du sulfure d'argent. Dans des cas exceptionnels de difficultés insurmontables par les moyens ordinaires, par la plombagine, il y a deux manières de procéder. La première est tellement dangereuse que je ne conseille à personne d'en faire usage, à moins d'être très fort dans la manipulation des substances chimiques dangereuses, ou tout au moins d'être guidé par un praticien chimiste. J'ai été affreusement maltraité moi-même pour n'avoir pas pris les mesures de précautions que nécessite la composition du sulfure d'argent, ce qui ne m'a pas empêché pourtant d'y avoir recours pour des pièces qui en méritaient la peine et que je ne pouvais consentir à voir perdues. Voici en quoi consiste cette préparation qui m'a servi à métalliser par évaporation : J'ai fait dissoudre, gros comme une petite noisette, du phosphore dans soixante grammes de sulfure de carbone. Cette solution est inflammable à la température de neuf degrés au-dessus de zéro. Cette substance obtenue dans une soucoupe en porcelaine, je l'ai placée sur une table de marbre (*voyez la planche n° 5*). J'avais pratiqué un trou, au moyen d'acide fluorhydrique, à la partie supérieure d'une cloche en verre; j'avais suspendu un moule de plâtre bien ciré dans l'intérieur de la cloche que j'avais placée enfin au-dessus de la soucoupe. En moins d'un quart d'heure, l'évaporation de cette dissolution phosphorique me teinta ma pièce d'une coloration brun jaunâtre et pénétra dans des cavités où n'aurait pu entrer le pinceau le plus fin. Je tenais à ma disposition une dissolution de nitrate d'argent dans de l'eau distillée. Dix grammes de nitrate pour cinquante grammes d'eau que je renversai dans toutes les parties du moule qui prit une coloration noire, c'était un revêtement en épaisseur inappréciable mais suffisante de sulfure d'argent. Ma pièce fut placée dans le bain et se fit admirablement sans la plus petite difficulté. Tel est ce procédé, que l'on doit d'autant plus qualifier d'infernal que, s'il vous arrivait d'en répandre sur votre doigt ou votre vêtement, gros comme une lentille, il se produirait à l'instant une flamme à jet continu qui brûle, inextinguible, si vous ne noyez pas la place avec une dissolution de nitrate d'argent ; mais ne vous effrayez pas trop, il y a un second moyen qui ne présente aucun danger : je veux parler du sulfure d'argent en poudre. J'ai cru qu'on ne pouvait l'obtenir, pensant que l'argent devait s'aplatir sous la molette : c'était une erreur. J'ai obtenu moi-même du sulfure d'argent en poudre non impalpable à la vérité, mais cependant en une poussière que j'ai essayée et qui m'a donné d'assez bons résultats. J'avais broyé en tournant, sans trop appuyer, dans un petit mortier dépoli et avec une molette également dépolie, et depuis, j'ai fini par trouver ce même sulfure en poudre chez les frères Poulenc, fabricants de produits chimiques, 92, rue Vieille-du-Temple, à Paris ; son prix est de vingt-cinq centimes le gramme : c'est cher, mais précieux pour les quelques rares parties qui peuvent présenter de trop sérieuses difficultés : or, comme cette substance fournit énormément, on n'en emploie que fort peu. Je dirai, enfin, que le sulfure d'argent est le meilleur agent du courant électrique ; mais qu'en raison de son prix on ne doit l'employer que dans les endroits tout à fait réfractaires au courant.

Je ne parlerai pas de la préparation des moules en gutta-percha. Cette matière très dense, très serrée et très lisse prend admirablement la plombagine, et c'est par toutes ces raisons que le courant pénètre presque partout sans trop de difficultés.

S'il y a enfin bien des avantages en faveur des moules en gutta, les moules de plâtre cependant ont, en un certain cas, une bien grande importance, telle, par exemple, que celle d'être assuré de la parfaite sortie du sujet, de son enveloppe sans avarie aucune, et l'on ne peut pas toujours en être aussi bien certain en ce qui concerne la gutta, comme d'ailleurs je m'en expliquerai davantage à la cinquième partie.

III

COMPOSITION DU BAIN ET DE LA PILE

Le modèle de la cuve sera celui de la planche nº 1. Sans doute on peut lui donner une autre forme et des dimensions plus restreintes ; suivant le nombre et le volume des sujets à traiter, l'élève sera libre de faire comme il l'entendra.

Le sulfate de cuivre, étant d'une étonnante subtilité, peut détériorer les parois intérieures de son récipient au point de se créer des fissures lui permettant de s'épancher au dehors. J'avais eu, dans le principe, l'idée de faire une cuve avec cinq fortes glaces scellées entre elles avec de la glu marine ; j'y ai tout aussitôt renoncé pour deux motifs principaux : son prix de revient me paraissait trop considérable, sans préjudice de sa trop grande fragilité ; en second lieu, si la glu marine, qui est un produit végétal, ne me donnait pas toutes les garanties voulues, sa dissolution et son emploi m'étaient absolument inconnus. Je me retournai du côté de la faïence vernissée. Sa désagrégation était imminente à bref délai ; le plomb que renferme son vernis m'effraya, j'y renonçai. Il me restait à envisager la porcelaine émaillée : son prix de revient me la fit abandonner dans les conditions où je la concevais ; force m'a été d'en revenir tout simplement à la cuve en bois de chêne bien cerclée : c'est encore ce qu'il y a de moins coûteux, de plus solide et de plus maniable, quoique cependant le sulfate finit toujours par se frayer quelques passages ; mais, après bien du temps, et comme son prix de revient est relativement peu coûteux, on peut en avoir une seconde de rechange et faire réparer l'autre. Cela dit, si l'on devait, pour fondre une grande quantité de cristaux ou sulfate de cuivre, s'en rapporter à la formule scientifique qui nous dit que le sulfate de cuivre se fond dans vingt fois son volume d'eau, vous perdriez beaucoup de temps avant d'être arrivé à un bain saturé ou riche. Voici comment je m'y suis toujours pris. Je plaçais dans ma cuve une grande toile à tissu peu serré, j'y renfermais la quantité voulue de cristaux de sulfate ; je versais, en plusieurs fois, de l'eau bouillante, en ayant bien soin de n'en pas respirer les vapeurs, et, quand je voyais mon eau bien corsée en couleur, je retirais ma toile qui renfermait toutes les impuretés du sulfate, j'arrosais légèrement les cristaux et je les laissais à l'air pour se sécher. Je suspendais deux cornets (*voy. la planche n° 1*) faits avec de la gutta non épurée. Je leur avais fait une assez grande quantité de trous avec un poinçon chauffé, les remplissais de cristaux que je remplaçais au fur et à mesure qu'ils se fondaient. De cette manière, j'ai toujours eu un bain satisfaisant pour commencer. Enfin, mon bain finissait par se saturer par l'alimentation continuelle des cornets que l'on ne doit sortir que lorsqu'il y a absolue nécessité de les nettoyer.

Remarques. — Ce n'est pas l'eau ordinaire qui est bonne, ce n'est même pas l'eau de pluie, ces eaux contenant en plus ou moins grande quantité du carbonate de chaux et d'autres corps organiques pouvant faire des dépôts, surtout dans les cavités de vos sujets. C'est de l'eau distillée qu'il faut exclusivement employer, son prix de revient n'est d'ailleurs pas effrayant, dix centimes le litre. Chacun sait que le poids d'un litre d'eau distillée est de mille grammes, tandis que l'eau ordinaire ou même l'eau de pluie pèsent ou peuvent peser, suivant leur nature, de onze à douze cents grammes, quand ce n'est pas plus : on voit donc la différence.

Si votre bain n'était pas composé ou plutôt fait de la manière que j'indique, vous n'auriez qu'une eau pauvre en molécules de cuivre, ce qui vous donnerait sur vos sujets un dépôt rougeâtre, pulvérulent, cassant et sans consistance, au lieu d'être ductile, d'un rose incomparable, fin et adhérent quand il n'acquiert pas un brillant très éclatant par l'effet de l'acide sulfurique qui passe, du diaphragme dont il va être question, dans le bain.

Diaphragme. — Après avoir cherché et mis en usage toutes les espèces de diaphragmes, j'ai employé une cloison assez mince et assez solide à la fois pour séparer du bain l'eau acidulée dans laquelle se développe le courant électrique par l'effet du zinc en décomposition (*voy. G et B de la planche n° 1*). C'est un châssis en chêne dont les quatre côtés sont joints entre eux à queue d'aronde et que, vulgairement, on dit à queue d'ironde, c'est-à-dire sans colle ni pointes, avec rainures intérieures dans lesquelles glisse à l'aise une planche de zinc, armée à son sommet et dans son milieu d'une patte de cuivre rouge dont l'extrémité forme un anneau d'un diamètre assez grand pour pouvoir y passer une tringle de cuivre *T* qui devra supporter les sujets par leurs fils conducteurs. La base du châssis doit être creusée en dedans, de façon à retenir le dépôt souvent considérable du zinc en décomposition par l'acide sulfurique, dès lors sulfure de zinc, qui ne doit jamais être ailleurs que dans le creux de la base par la très importante raison dont je parlerai plus bas. Une peau de parchemin *P*, qui aura trempé une heure dans l'eau, enveloppe, bien tendu, le châssis et est repliée sur les côtés *V V'*; à chaque extrémité supérieure il est retenu par des petites pointes en cuivre, ainsi que dans la longueur ou sur le plat supérieur du sommet *S S'* du châssis. J'insiste sur ce point, à savoir : que le parchemin doit être fortement tendu, sans cela il pourrait arriver que, par la pression de la masse du bain, ce parchemin vînt à toucher le zinc dont le dépôt se fixerait dessus et y ferait comme autant de petits trous qui s'agrandiraient bientôt sous une masse de rognons de cuivre ; or, que l'on sache qu'avec un parchemin troué, on est exposé à voir s'introduire dans le bain des particules de sulfure de zinc, et qu'il n'en faut pas davantage pour éprouver le plus grave accident qui puisse se produire et que l'on appelle en terme de chimie : *endosmose* ou contrariété de courant, sans préjudice de la perte du bain qu'il faut jeter, son épuration coûtant plus cher que la matière ; perte aussi de la cuve qui, dans sa porosité, aurait pu retenir une ou plusieurs parties de ce sulfure, en si petite quantité que ce pût être d'ailleurs, sans parler des sujets dont il serait imprudent de se servir dans un bain neuf. Que l'on se reporte donc à ce que je disais plus haut au sujet du dépôt de sulfure qui doit tomber au fond du châssis, sans toucher le parchemin : on comprendra que, sans excès, il faut qu'entre le parchemin et le zinc il y ait un assez grand espace, et, afin que l'on soit fixé sur cette séparation, je dirai : qu'en raison de la cuve de la planche n° 1, j'avais pour mon diaphragme un châssis en chêne dont la base et les montants avaient six centimètres de largeur, ces pièces bien arrondies en dehors et sans rugosités qui peuvent crever le parchemin ; les deux faces principales du châssis, vingt-sept centimètres de largeur d'ouverture sur vingt de hauteur, avec un zinc de six millimètres d'épaisseur; enfin pour le jeu du zinc entre les coulisses, quatre centimètres. Dans ces proportions, je n'ai jamais eu le contact du zinc et du parchemin, et le dépôt du zinc ne s'est jamais fait ailleurs que dans la rigole de la base. Je dirai, en dernier ressort, que l'on doit avoir des diaphragmes de rechange, un parchemin pouvant se fatiguer de son séjour trop prolongé dans le bain, ce qui se juge d'ailleurs quand on le voit faire une poche d'une boursouflure inaccoutumée. Je passe maintenant à l'eau acidulée devant être contenue dans le diaphragme.

Cette eau peut être de l'eau ordinaire, sans aucun inconvénient ; cependant, si pour un diaphragme d'une dimension bien plus restreinte. que celle dont j'ai parlé, on peut faire usage d'eau distillée, ce serait préférable, l'eau ordinaire pouvant, par sa nature, augmenter la masse du dépôt. Cela dit, lorsqu'après avoir suspendu par ses oreilles le diaphragme entre deux chaises ou, comme on le voudra, autrement, pourvu que la base ne porte pas à terre où quelque corps étranger pourrait trouer le parchemin sans que l'on s'en doutât, on mettra de l'eau en suffisante quantité,en tenant compte du déplacement qui se produira naturellement en introduisant le diaphragme dans le bain. De cette manière, vous éviterez de voir l'eau du diaphragme trop s'élever ou déborder, ou le bain outrepasser ses limites, les deux eaux devant être au même niveau ; vous introduisez votre zinc armé de sa baguette ou tringle reposant en travers de l'ouverture supérieure du châssis, et vous versez dans votre eau quelques gouttes d'acide sulfurique, environ huit gouttes par litre : pour commencer, cela sera suffisant. Si par cas, après quelques minutes,vous voyez votre eau en ébullition, ce serait un inconvénient que vous feriez disparaître en retirant de cette eau avec une seringue et la remplaceriez par de l'eau nouvelle jusqu'à ce que l'ébullition ait cessé. Cette ébullition pourrait faire tourbillonner des particules de sulfure de zinc qui se fixeraient sur le parchemin et y produiraient le mauvais effet dont j'ai précédemment parlé. A la quatrième partie que nous allons développer, il sera donné, pour le nettoyage du diaphragme et du zinc, des explications complémentaires pour éviter les inconvénients graves du sulfure de zinc dans les parties autres que celles dans lesquelles il doit se trouver.Nous arrivons enfin à la quatrième partie, c'est-à-dire à introduire dans le bain un ou plusieurs objets à recouvrir de cuivre.

IV

MARCHE DU COURANT ET PIÈCES A REVÊTIR

Vous installez votre cuve avec tous ses accessoires comme le représentent les deux figures de la planche n° 1, dans une salle aérée, où vous puissiez avoir la liberté de tous vos mouvements et d'où pourront s'échapper, avec facilité, les émanations du zinc en décomposition. Sans être insupportable, cette vapeur pourrait nuire par inhalation : le fait m'est arrivé, c'est pour cette raison que j'en parle. Le diaphragme doit être suspendu dans l'intérieur au moyen de ses oreilles et ne pas toucher le fond de la cuve.

Vous avez, au préalable, enduit de cire mêlée à la résine toute la partie extérieure de vos moules ainsi que votre fil conducteur, depuis le point d'attache sans y comprendre l'anneau, jusqu'à la hauteur de la portion du fil qui devra séjourner dans le bain, et en ayant bien soin surtout de ne pas enduire le point de contact; le reste du fil, qui devra être entortillé autour de la barre de cuivre transversale T, devra être bien propre. Vous suspendrez alors, en présence des deux faces de votre diaphragme, deux sujets. Vous serez assuré que par la pesanteur de ces deux sujets, les points de contact devront exister. Vous aurez eu le soin, avant l'immersion, de passer un fer chaud sur le bord extérieur de vos deux pièces, afin d'éviter que des particules de plombagine, souvent peu apparentes, n'y soient restées et ne soient une cause d'agglomération de cuivre ou de rognons, au détriment des parties importantes de vos deux sujets. Les deux pièces ne doivent pas toucher le fond, elles doivent être un peu moins grandes que le zinc et, pour le premier jour, à huit centimètres au moins du parchemin, par ce motif que si vos sujets étaient plus rapprochés, le dépôt de cuivre se ferait grossièrement et en telle abondance qu'il pourrait déjà se former des rognons qui nuiraient à la régularité ainsi qu'à la célérité du courant ; vos cornets d'alimentation OO' (planche 6) devront être remplis de cristaux de sulfate qui, dans les premiers jours, se fondront si facilement que vous devrez les remplacer immédiatement. En un mot, vous devrez tenir ces godets toujours pleins ; car, malgré que vous ayez eu une eau bien corsée en couleur, votre bain est loin d'être saturé. Que si l'alimentation ne se faisait pas promptement, votre bain, en donnant à vos sujets le cuivre qu'il contient, s'appauvrirait et produirait le mauvais effet dont il a été déjà parlé; cette dissolution prompte est de très bon augure et il arrivera un moment où cette dissolution sera si lente, que l'on pourra préjuger être arrivé à saturation, ce qui ne devra pas vous empêcher de remettre des cristaux perpétuellement, sans que cela soit alors si impérieusement obligatoire, pour que vous ne dussiez pas vous occuper d'autre chose. Cette obligation, qui s'impose, vous donnera un cuivre d'un rose admirable et qui serait incomparablement le plus beau des métaux si, au contact de l'air, il ne perdait pas presque aussitôt cette belle couleur tout en restant très brillant, surtout après quelques jours, lorsqu'un peu d'acide sulfurique du diaphragme aura pénétré dans le bain. Ce bon effet ne doit pourtant pas être provoqué en répandant quelques gouttes d'acide sulfurique dans le bain, comme on pourrait le croire ; la pratique m'a démontré que ce serait une faute. Il faut croire que cet acide qui se dégage du diaphragme est en quantité inappréciable et dans des conditions telles que la science n'en parle pas. Je reprends ma démonstration. Admettons que vous ayez commencé à 7 heures du matin : le lendemain à pareille heure il faut nettoyer et renouveler le diaphragme. Vous sortez vos deux sujets. D'ordinaire toutes les surfaces sont recouvertes et quelquefois même le courant a déjà déposé son cuivre dans quelques cavités,ce qui vous indique que, pour le second jour, vous devrez les replacer comme pour le premier jour, c'est-à-dire à la même distance du diaphragme, parce que si vous les rapprochiez, il pourrait se former des rognons ou des arborisations sur les surfaces trop peu couvertes pour les enduire de cire ou de vernis quelconque.

Vous les placez dans un endroit propre. Vous ne dérangerez pas vos cornets. Vous saisirez votre diaphragme par ses oreilles, le suspendrez entre deux chaises au-dessus d'un vase quelconque pour qu'il s'y égoutte. Cette eau sulfatée ne doit jamais se remettre dans le bain parce qu'elle contient de l'acide sulfurique. Vous enlèverez le zinc par sa tringle, vous le gratterez bien avec une lame de couteau exclusivement réservée à cette opération; vous brosserez bien les deux faces avec une brosse très dure, également réservée pour cet usage; vous passerez à l'eau d'un robinet ces deux faces qui seront d'un aspect brillanté qu'elles n'avaient pas auparavant. Si le dépôt était d'un brun noirâtre, ce serait de bon augure; il se serait formé sans la présence d'eau cuivreuse. Si, au contraire, il avait pris une teinte rougeâtre, ce serait l'une des deux causes : ou le niveau du bain aurait surpassé celui de l'eau acidulée, ou le parchemin se serait troué, ce qui serait à examiner. Il m'est arrivé assez souvent d'avoir cette teinte rougeâtre en l'absence des deux causes ci-dessus, et de n'en avoir pas eu le moindre accident ; je l'ai expliqué par le fait de la pression de la masse du bain contre le parchemin d'un diaphragme trop léger dans son contenu, permettant alors au sulfate de s'y introduire. Le diaphragme ainsi propre, vous le remettez dans le bain après l'avoir garni de son eau acidulée au même degré d'acide sulfurique, et, pour cela, il est bon d'en avoir une provision faite à l'avance. Son introduction dans le diaphragme doit se faire avec un entonnoir en verre ; vous remettez vos sujets. Cette opération devra se faire tous les jours à la même heure. Le troisième jour, si vous vous aperceviez que des rognons vinssent à se produire en trop forte masse dans le pourtour des sujets comme aussi sur les arêtes des cavités et même sur les surfaces, il serait temps d'y remédier, et pour cela on laisse les sujets sécher un jour, on met alors de la cire jaune fondue, en couche assez épaisse, sur les contours et sur toutes les parties qui le réclament : cette opération doit se faire avec soin et de façon à ne répandre la cire que là où sa présence est nécessaire. On peut également se servir de vernis copal, mais il faut y revenir plusieurs fois pour que sa couche soit suffisante; il faut enfin éviter qu'il s'étale. Cette opération faite, il n'y a pas d'inconvénient à rapprocher, un tant soit peu, les sujets du diaphragme, si surtout le courant a paru ne vouloir pas pénétrer dans les cavités. En procédant de cette façon, il est bien rare qu'une pièce ne soit pas totalement recouverte après quatre ou cinq jours, et, lorsqu'il en est ainsi, on la laisse encore deux jours dans le bain pour s'épaissir. S'il arrivait qu'un sujet ait dépassé ce laps de temps sans être complètement terminé, cela tiendrait à deux causes : la première, c'est que la plombagine se serait lavée dans le bain, et dans ce cas il faudrait laisser sécher, puis remettre de la plombagine et mieux du sulfure d'argent en poudre dont j'ai parlé dans un précédent chapitre. La seconde cause pourrait être attribuée à des cavités trop recouvertes, ne pouvant par conséquent recevoir directement l'influence du courant ; dans cette hypothèse, il faut s'ingénier par tous moyens intelligemment conçus et placer la pièce sous l'influence directe, autant que possible. Il peut se présenter le cas d'un sujet qui aurait des cavités diamétralement opposées les unes aux autres, de telle façon que le courant pénétrant dans l'une d'elles n'agirait pas sur les autres; pour arriver à bonne fin, il faut du temps et de la patience, voilà tout : avec ces deux mobiles on est assuré de la réussite (*voyez planche 6* pour diverses positions que peuvent avoir des pièces dans le bain, suivant leurs cavités). Il faut laisser se terminer la première cavité, remettre successivement les autres sous la même influence du courant ; on comprend dès lors toute l'importance qu'il y a, comme je l'ai d'ailleurs prescrit, d'avoir à une seule pièce plusieurs fils conducteurs, et quand on voudra faire usage des fils de cuivre renfermés dans de la gutta et de la soie qui servent à la télégraphie, au lieu de perdre du temps à cirer les conducteurs, on les réunira tout simplement en un seul, derrière le sujet devant servir pour les diverses positions à donner dans le bain. Si, enfin, après bien du temps, vous avez encore une ou plusieurs parties récalcitrantes et que d'ailleurs toutes les autres parties soient assez épaisses, c'est le cas de renfermer sous la cire tout ce qui sera fait. Ce qui restera, en faisant usage de sulfure d'argent surtout, ne manquera pas de se recouvrir. La théorie admet des fils conducteurs pour les cavités, la pratique n'en veut pas, parce que les points de contact ne sont jamais assurés. A la rigueur on peut en faire usage pour des sujets qui n'ont pas la délicatesse des détails des reptiles; mais la réussite est fort douteuse.

Comme on le voit, il peut y avoir de sérieuses difficultés, mais jamais insurmontables s'il n'y a pas des motifs graves, comme, par exemple, un corps gras animal ou un corps onctueux réfractaire au courant. Généralement un sujet dans les conditions normales se termine en six jours, quelques-uns en moins de temps. Avant d'aborder la cinquième et dernière partie qui traite de la sortie, du nettoyage et du bronzage d'une pièce, il est important de dire que ces trois opérations ne peuvent se faire qu'autant que la partie ou les parties faites en dernier lieu auront reçu un revêtement ou renforcement de deux jours au moins dans le bain, quelle que soit, d'ailleurs, l'exiguïté de la place qui se serait trop tardivement recouverte.

Première remarque. — Lorsque j'ai recommandé de cirer les places où se formait une grande quantité de rognons, il ne faudrait pourtant pas abuser de ce recouvrement par le motif que, comme on le verra dans la dernière partie qui va suivre, on doit couler de la soudure dans tout le sujet : cette soudure, mise pour donner à la pièce toute la solidité nécessaire en raison des parties souvent très faibles dont on ne connaît pas toujours les endroits, se refuserait à se prendre au cuivre par l'effet de la cire qui est tellement adhérente que, malgré l'acide muriatique ou toute autre substance, elle occasionnerait des avaries irréparables lorsque l'on briserait le moule, opération délicate sur laquelle je donnerai les détails nécessaires.

Je dirai donc qu'à part les contours du sujet, chargés de rognons et qui, par conséquent, seront assez solides pour être dispensés de soudure, on devra recouvrir toutes les autres parties par des petits morceaux de verre reliés entre eux par de la cire; de cette façon, le cuivre se conservera bien propre et prendra facilement la soudure. J'ai souvent employé avec succès de la gutta non épurée et en planche bien mince; je la taillais et lui donnais la forme nécessaire à recouvrir tout ou en plusieurs morceaux soudés ensemble au moyen d'un fer chaud. Cette pièce générale ou ses différents morceaux devront toujours arriver aux contours du moule pour y être retenus avec ce fer chaud.

Deuxième remarque. — En galvanoplastie, le corps gras isolateur du courant est la graisse animale; les vernis sont égalemennt isolateurs. Il n'en est pas de même de l'huile, car j'ai souvent immergé mes moules dans de l'huile de lin cuite faute de cire, et mes sujets ont parfaitement réussi.

V

SORTIE, NETTOYAGE ET BRONZAGE

Nous voilà avec une pièce terminée dans le bain. Vous enlevez avec des tenailles les quatre fils conducteurs avec leurs anneaux, ainsi que l'objet qui donnait du poids. Avec un couteau ou tout autre outil convenable, vous sortez les morceaux de verre, la gutta et la cire ayant recouvert les rognons, vous grattez légèrement partout où le sujet le réclame pour sa propreté. Vous sortez également la plus grande masse possible de la cire que vous aviez mise au revers du moule, cette cire mise de côté pour le revêtement extérieur d'autres sujets. Vous essuyez bien votre pièce et la laissez sécher toute une journée. Pendant ce temps vous faites votre esprit de sel, si vous n'aimez mieux en acheter, ce que vous préférerez sans doute. Je crois, néanmoins, devoir faire connaître le moyen bien simple de le composer. Vous coupez une petite plaque de zinc par petits morceaux d'un quart de centimètre en carré, vous en jetez huit à dix morceaux dans un grand verre plein, ou à peu près, d'acide muriatique, en plein air, afin d'éviter une odeur âcre assez désagréable. Il se produit un bouillonnement avec une épaisse vapeur; votre zinc est fondu, et l'acide muriatique, de jaune qu'il était, devient blanc. C'est ce qu'on appelle l'esprit de sel, ou acide muriatique décomposé. Vous le laissez refroidir et vous vous en servirez comme je vais l'indiquer.

Avec un pinceau doux trempé dans cet acide, vous le promenez dans tout le sujet dont le cuivre prend une couleur rosâtre. Vous faites fondre de la soudure et la versez d'abord goutte à goutte sur différentes places, pour que le cuivre s'échauffe et pour que la température trop brusque de la soudure ne produise ni écartement, ni boursouflure sur le cuivre que vous remplissez alors. Or, pour être bien assuré que la pièce aura été, par cette opération, étamée dans toutes ses parties, et surtout dans les parties faibles qui, si elles n'avaient pas happé la soudure, risqueraient d'être enlevées lors du bris de l'enveloppe, vous vous servez, pour cet usage, d'une petite lampe à esprit-de-vin et à jet de forge; cette lampe se trouve dans le commerce et son prix n'en est pas élevé. Vous saisissez la pièce entre deux tenailles et présentez la soudure au jet de flamme de votre petite lampe, et au-dessous du jet un vase quelconque pour recevoir la soudure qui presque aussitôt sera en fusion. Vous examinerez attentivement votre pièce qui devra être parfaitement étamée ; mais, au cas où vous apercevriez quelques places dépourvues de soudure, ce seront généralement des places faibles où la cire de l'intérieur du plâtre se sera frayé un passage. On remédie à cet inconvénient en garnissant de plâtre ces malheureux endroits qui, malgré tout ce que vous feriez pour neutraliser les mauvais effets de cire, ne permettraient jamais à la soudure de s'y fixer autrement que par sa masse, et, lorsque vous brosseriez votre sujet, ces parties faibles s'enlèveraient par écailles. On me dira peut-être que ce même accident devra se produire malgré le plâtre qui est peu adhérent au contact de la cire ; mais il l'est plus que la soudure. J'ai souvent mieux réussi avec de la résine enduite d'une petite quantité de cire. Il y a enfin un dernier moyen, celui-là est réellement assuré : il consiste dans l'emploi de morceaux de gutta non épurée, sur laquelle vous passez un fer rougi. Mais en remettant de la soudure dans diverses parties où vous jugerez de son utilité, ayez bien soin de n'en pas mettre aux places où vous auriez fixé de la gutta, dont l'effet deviendrait nul.

Une fois cette opération terminée de façon que tout le sujet soit intelligemment rempli, vous détachez le plâtre par petits morceaux sur les bords du moule, et, en soulevant avec habileté de main pour que l'outil dont vous vous servirez ne raye pas votre sujet, vous verrez les grandes masses se détacher petit à petit; il vous restera enfin à sortir le plâtre des anfractuosités au moyen d'outils pointus. Ce bris de plâtre doit se faire quand la pièce est encore chaude. Vous frottez alors le sujet avec une brosse dure, et plus le sujet sera brossé, plus il deviendra beau et brillant. Vous lui passez ensuite avec un pinceau oriental un mélange de sanguine et très petite quantité de plombagine, et brosserez non moins vigoureusement qu'auparavant. C'est alors que votre sujet prend l'aspect d'un bronze florentin.

Il est bien entendu enfin que cette opération ne concerne que des moules en plâtre.

Passons maintenant aux moules en gutta. L'opération n'est plus tout à fait la même, car, au lieu de lui mettre de la soudure qui chaufferait la gutta de telle façon qu'il serait sinon impossible, du moins très difficile de nettoyer, le sujet, dans ses parties faibles, doit être rempli de plâtre gâché, je dirai même qu'il doit être, sans inconvénient, rempli en totalité, et lorsque ce plâtre sera bien pris, vous immergerez toute la partie de la gutta dans une eau assez chaude; cette gutta, au bout d'un instant, aura pris assez de souplesse pour l'enlever identiquement, comme je l'ai indiqué au chapitre du moulage. Il ne faut pas que l'intérieur de la gutta ait une température trop élevée, parce que, au lieu de se détacher du sujet, elle s'y adhérerait d'une façon très fâcheuse. On voit que l'opération est très facile. Cependant, je dois faire observer que le cuivre d'un moule de gutta n'est jamais aussi solide que celui dans lequel on aura coulé de la soudure ; il sera donc important que tous les sujets renfermés dans la gutta aient pris dans le bain une épaisseur suffisante qui les mettra à l'abri de toute avarie.

Nettoyage.—Bronzage. — Tout sujet qui contiendra de la soudure devra être nettoyé encore tiède, puis brossé à outrance, après quoi on lui ajoute, avec un pinceau oriental, de la sanguine en poudre, mêlée à très peu de plombagine qui, si elle n'était pas en minime quantité, prendrait le dessus en produisant le mauvais effet de l'acier. Vous faites chauffer le sujet et le frottez vigoureusement : il prend à l'instant l'aspect d'un beau bronze florentin. Vous passez enfin le gratte-bosse en fils de cuivre très fins sur les saillies, sans trop insister pour ne pas trop attaquer le cuivre. La pratique m'a démontré que ce bronzage, qui ne fait qu'embellir avec le temps, se produisait par les combinaisons de l'acide muriatique pénétrant, par le feu, dans les orifices d'un cuivre très poreux, de la plombagine pour si peu qu'il en reste après le cuivre, de la cire enfin, qui donne du brillant dans sa couche d'autant plus inappréciable que le sujet aura été vigoureusement brossé à chaud.

Sur les sujets qui sortent de la gutta, la même combinaison dont je viens de parler ne peut se faire, par la raison que le plâtre n'a pu produire d'autre effet que de garnir l'intérieur. Cependant le bronzage, en procédant avec de la sanguine et une très minime partie de plombagine, sera à peu près le même, seulement un peu plus clair, même plus brillant, mais moins chaud de ton.

Il m'est enfin arrivé que, pour des sujets sortis de la gutta ayant ses bords épais ainsi que presque toutes les autres parties, je n'ai mis du plâtre que strictement là où je supposais y avoir des parties faibles, j'ai rempli de morceaux de soudure que j'ai exposés à la flamme de la lampe à souder le seul temps nécessaire à leur fusion, afin de ne pas trop attaquer le plâtre dont la désagrégation pouvait nuire à son adhérence. Je m'en suis très bien trouvé, et mon bronzage, quoique un peu sombre, n'en était pas moins beau.

Je crois m'être suffisamment expliqué, surtout sur ce qui concerne les diverses opérations en galvanoplastie, pour être convaincu que tous ceux qui se serviront de cet ouvrage arriveront aux mêmes résultats que ceux que j'ai eu le bonheur d'obtenir.

Je termine enfin par dire que j'aurais dû parler de la dorure et de l'argenture comme complément indispensable des connaissances galvanoplastiques ; mais j'aurais dépassé les limites que je me suis imposées. Que l'on sache bien que lorsqu'on aura un peu de pratique, on arrivera sans peine à dorer et à argenter. Les procédés sont aux bains près, à l'anode, plaque d'or ou d'argent au lieu de cornets d'alimentation, les mêmes qu'en galvanoplastie. *Ces plaques, d'un métal pur et de la longueur* de la pièce à traiter, servent à maintenir la richesse du bain.

CHASSE AU LÉZARD

Je terminerai ce petit ouvrage par un récit qui plaira peut-être, sinon à tous mes lecteurs, du moins à quelques-uns, ceux surtout qui sont ou pêcheurs, ou chasseurs, ou enfin à ceux qui, comme moi, trouveraient de la distraction à faire la chasse aux lézards. Qu'il me soit permis d'avancer, sans vouloir offenser qui que ce soit, qu'il y a tant de gens qui écrivent pour ne rien dire, ou pour prêcher des doctrines malsaines, que, dans ma très modeste sphère, je me sens autorisé à faire connaître ce que je crois utile à quelques amateurs comme un passe-temps fort récréatif et, en tout cas, très productif pour celui qui voudra mettre à profit les leçons que j'ai données, sans bourse délier. C'est de la chasse au lézard dont il va être question, et, bien que l'on doive se servir du même instrument qui sert au pêcheur à la ligne, mais avec un nœud coulant au lieu d'un hameçon, je trouve qu'il est infiniment plus récréatif de prendre plusieurs beaux lézards en une heure, que de prendre dans le même laps de temps un stupide poisson : c'est affaire de goût. J'entends déjà des pêcheurs à la ligne crier au vandale, soit ; j'entre en matière.

Il y a trois espèces de lézards : le lézard gris de murailles : il est fort joli, mais très petit, tandis que les lézards verts, qui sont de deux espèces, offrent beaucoup plus d'attrait pour s'en emparer. On trouve le lézard vert, commun à peu près partout en Europe, dans les broussailles, les parties rocailleuses des grands bois et des forêts, là surtout où il y a des flaques d'eau où il va se désaltérer ; il n'atteint guère que trente ou trente-cinq centimètres de longueur et est quelquefois un peu plus gros que le pouce ; il abonde dans la forêt de Fontainebleau où les marchands qui en approvisionnent le marché du quai aux fleurs à Paris, le dimanche, vont leur faire la chasse. Il y en a une espèce bien plus belle, mais qui est moins répandue : c'est le lézard ocellet, il est d'un vert émeraude très éclatant et nuancé de dessins d'un bleu ravissant ; on ne le trouve, malheureusement, que dans des contrées méridionales telles que les Pyrénées, l'Ariège et les Bouches-du-Rhône ; sa longueur est souvent de cinquante à cinquante-cinq centimètres, et sa grosseur est de quatre centimètres au moins ; ses écailles sont plus accentuées que celles du lézard vert commun ; c'est, en un mot, un fort beau reptile. Les lézards n'ont pas de venin : ils ont, pour se défendre, des mâchoires solides qui pincent très fortement, j'en sais quelque chose ; mais il est très facile de s'en défendre.

N'ayant jamais pu chasser autre lézard que le vert commun, je m'en suis passé la fantaisie à cœur joie pour en faire des groupes fort beaux en galvanoplastie.

Voici comment je m'étais ingénié à prendre tous ceux qui m'étaient nécessaires. Je fixais, à l'extrémité d'une gaule de deux à trois mètres qui se terminait en pointe, un nœud coulant au moyen d'un fort crin (*voyez la planche n° 6*), crin blanc de préférence. Je mettais dans ma poche un flacon à large tubulure dont le bouchon était troué, pour que mes captifs eussent de l'air. C'était là tout mon attirail. Je me rendais sur mon terrain vers les 10 heures du matin : c'est vers cette heure que, par les beaux jours du printemps et de l'été, lorsque le soleil a pompé la rosée, le lézard se complaît au soleil sur une pierre, sur une haie d'aubépine très propice quand elle est taillée, sur des ronces et même à terre où il guette les moucherons et insectes divers. Je marchais très lentement sans faire de bruit et surtout sans gesticuler, et, quand j'en découvrais un bien placé pour que ma gaule et le nœud coulant ne dussent pas rencontrer trop d'obstacles, je lui présentais doucement et progressivement le nœud coulant qui ne l'effrayait nullement, il semblait même vouloir jouer avec ;

j'arrivais à lui engager la tête, je levais ma gaule, il était pris et gesticulait en ouvrant sa gueule qui était loin de m'intimider. Je le saisissais alors par la nuque et je le réduisais à l'impuissance, et, après lui avoir dégagé la tête, je l'introduisais dans mon flacon, et tous ceux que je rencontrais subissaient le même sort. J'avais le soin de placer immédiatement dans ma poche le flacon qui, trop au jour, aurait été l'occasion de batailles à la suite desquelles plusieurs eussent été avariés. On voit donc que ce procédé est des plus simples, et les enfants peuvent s'en servir aussi bien que les grandes personnes ; c'est enfin de cette manière que je suis arrivé à composer des groupes magnifiques en galvanoplastie, et qui m'auraient coûté fort cher si j'avais dû acheter tous mes sujets.

Je retrouve ici une nouvelle occasion de répéter ce que j'ai déjà dit et ce sur quoi je ne saurais trop insister, à savoir : que lorsqu'on est arrivé à rendre parfaitement le lézard, on peut à plus forte raison reproduire avec une extrême facilité les poissons, les coquilles, les feuilles, les fruits, les ornements divers moulés ou modelés pouvant servir à l'ornementation de meubles ou à tout autre usage, et tous les bas-reliefs possibles.

FIN.

TABLE DES MATIÈRES

IMPRIMERIE PAUL BOUSREZ, TOURS

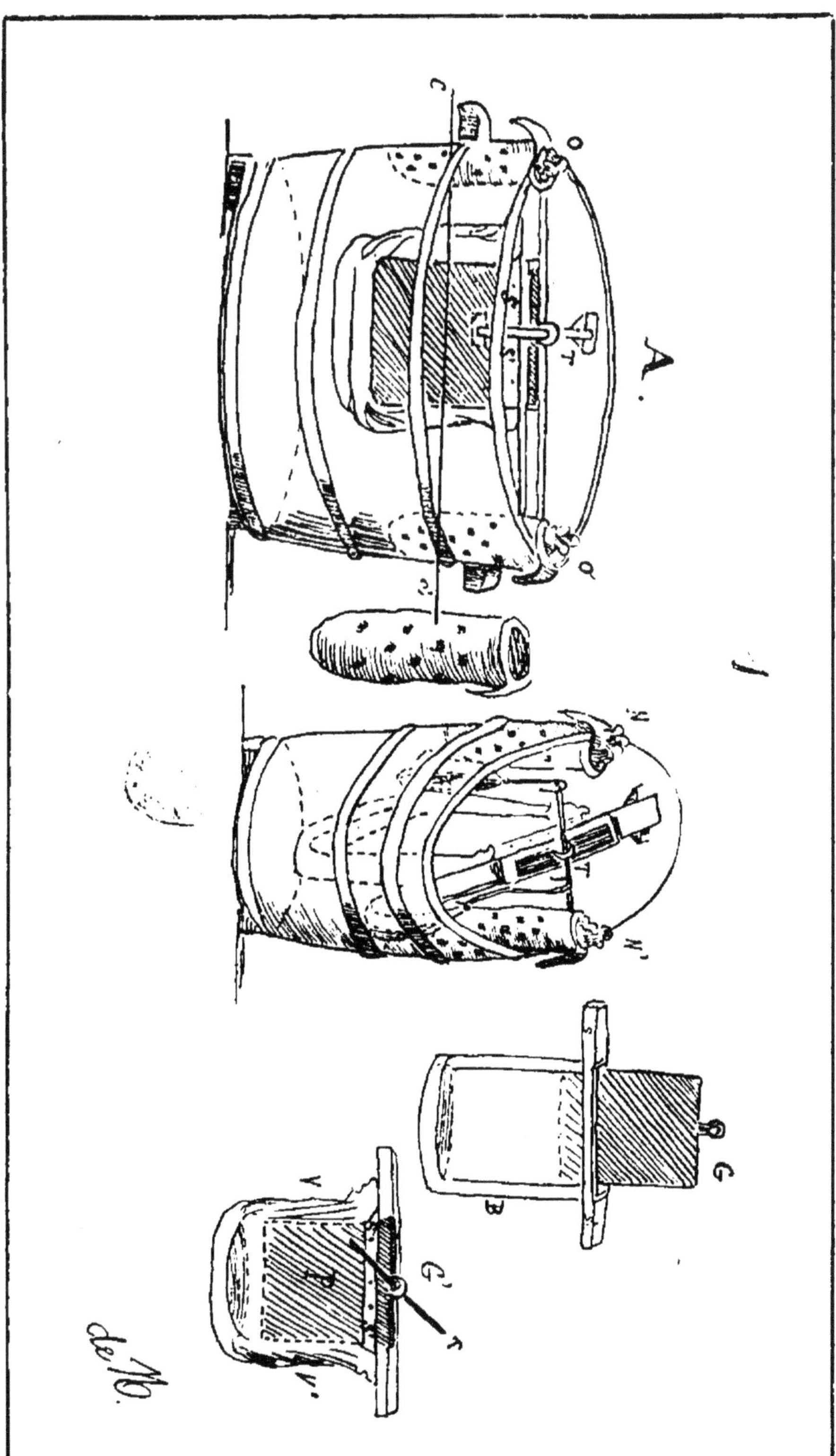

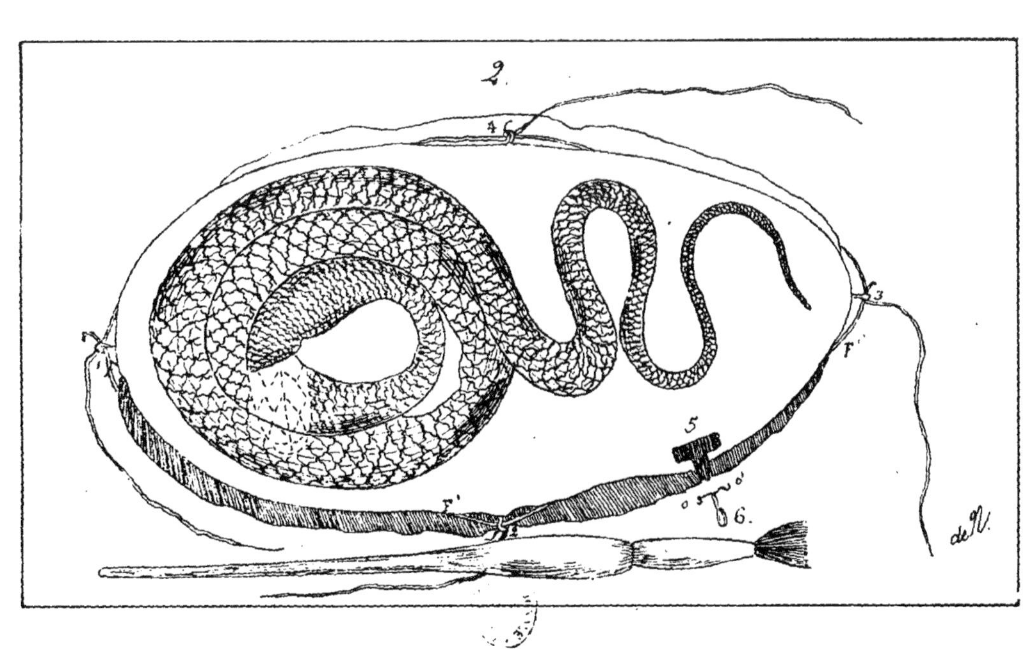
2.
4
3
F'
5
6.
F'
deN.

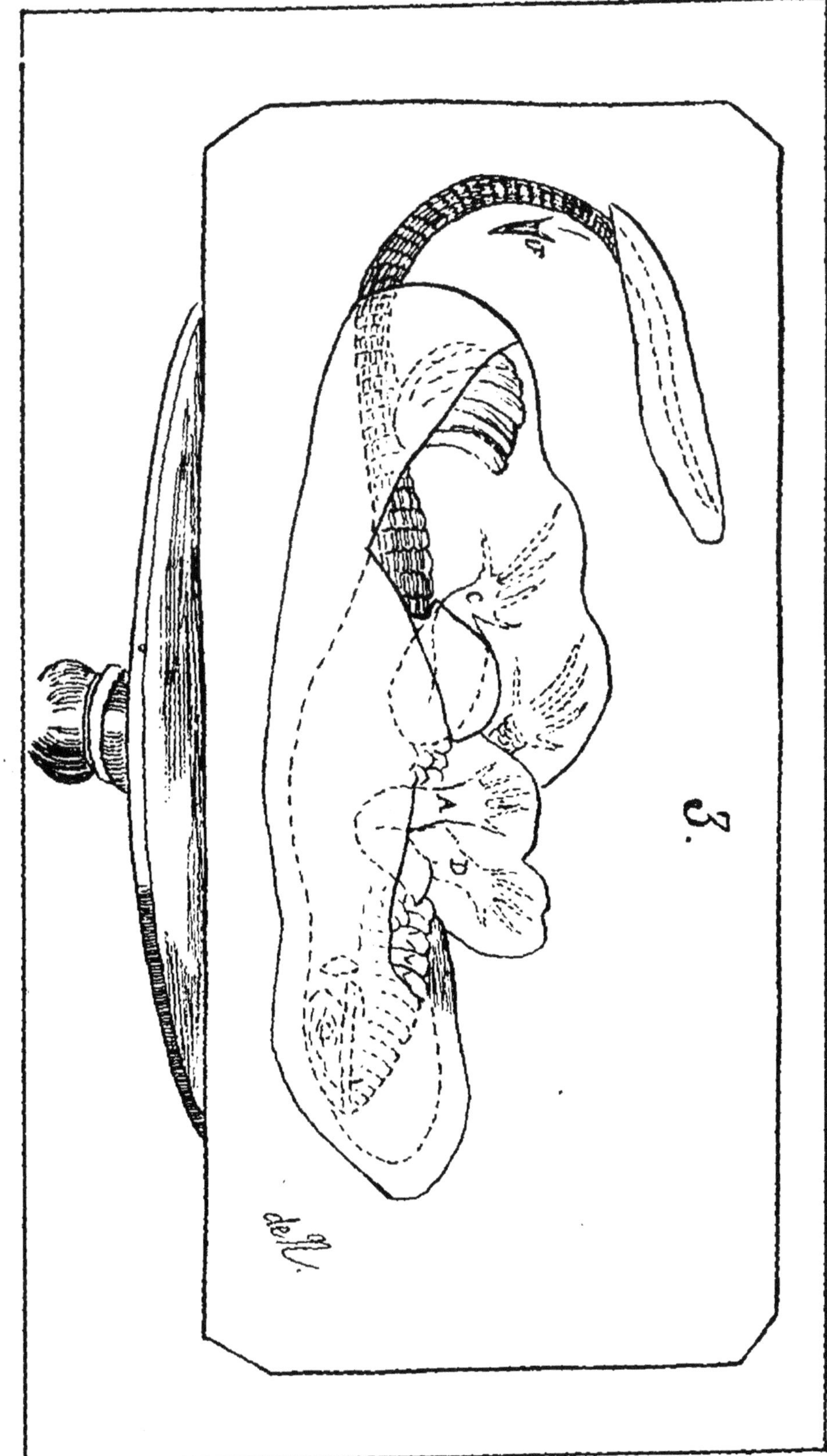

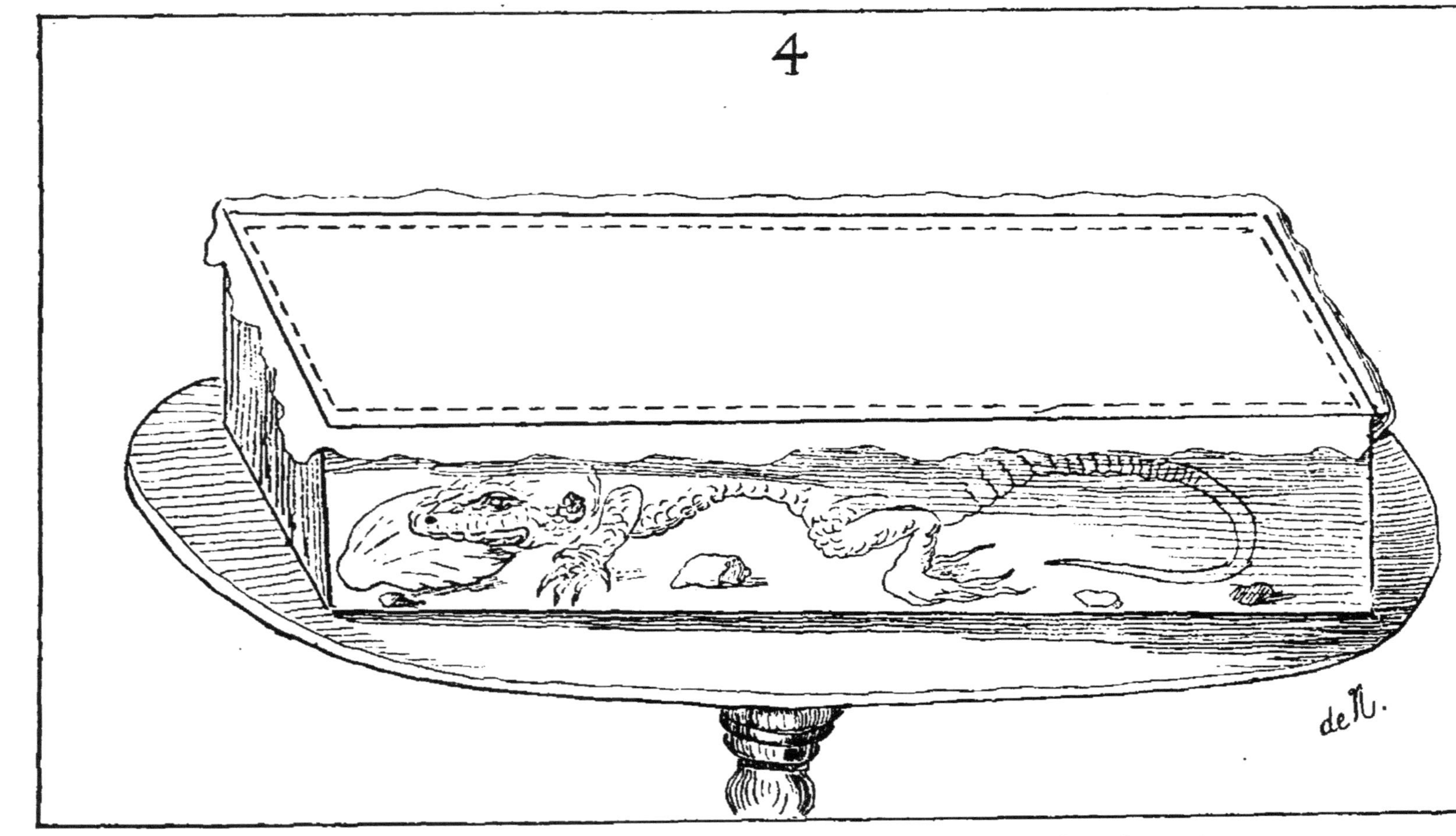

Châssis en tôle, dont les dimensions et la définition sont dans le texte.

Appareil pour la métallisation au moyen du sulfure d'argent par évaporation.

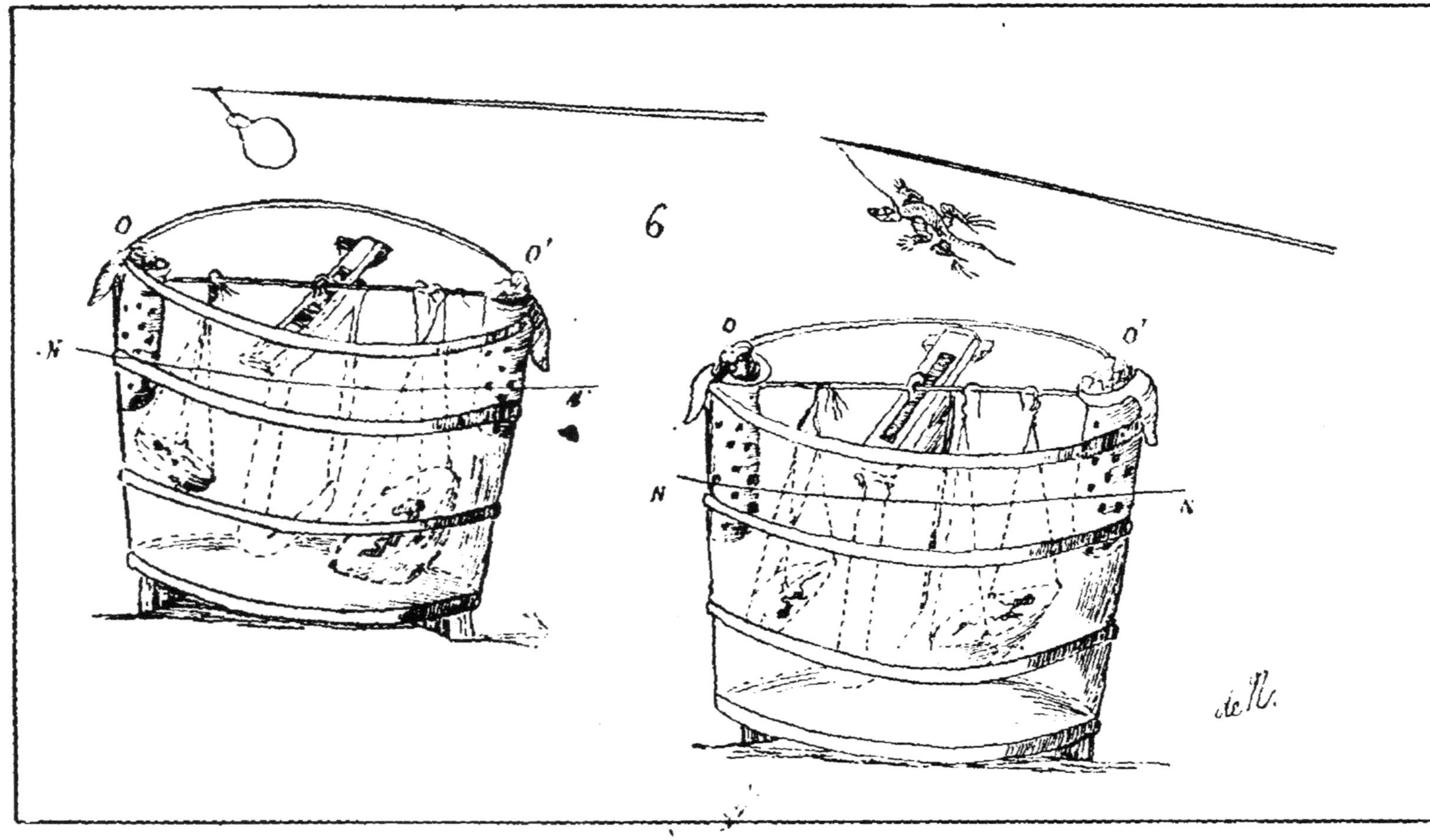
6
O
O'
N
N'
O
O'
N
N

TOURS, IMPRIMERIE PAUL BOUSREZ.

www.ingramcontent.com/pod-product-compliance
Ingram Content Group UK Ltd.
Pitfield, Milton Keynes, MK11 3LW, UK
UKHW021005200726
13857UKWH00004B/1278

9 782011 904416